T0255471

Energie versus Kohlendioxid

Cornel Stan

Energie versus Kohlendioxid

Wie retten wir die Welt?
59 Thesen

Cornel Stan
Forschungs- und Transferzentrum Zwickau
Zwickau, Deutschland

ISBN 978-3-662-62705-1 ISBN 978-3-662-62706-8 (eBook)
https://doi.org/10.1007/978-3-662-62706-8

Die Deutsche Nationalbibliothek verzeichnet diese Publikation in der Deutschen
Nationalbibliografie; detaillierte bibliografische Daten sind im Internet über
http://dnb.d-nb.de abrufbar.

Springer ist ein Imprint der eingetragenen Gesellschaft Springer-Verlag GmbH, DE
und ist ein Teil von Springer Nature.
Die Anschrift der Gesellschaft ist: Heidelberger Platz 3, 14197 Berlin, Germany

Vorwort

Wie retten wir die Welt? Sind dafür Thesen tatsächlich vom Nutzen? Manche Thesen haben im Laufe der Geschichte physikalische, geistige, soziale, politische, wirtschaftliche und technische Systeme oder Abläufe stark beeinflusst, oft auch revolutioniert.

Die These ist eine Behauptung, deren Wahrheit in der Regel eines Beweises bedarf. Manche Thesen basieren allerdings auf Postulaten, die unbewiesen oder unbeweisbar sind, wie jene von Einstein. Andere Thesen wiederum sind kritische Zusammenfassungen von Geschehnissen, wie jene von Luther. Mathematiker und Physiker leiten Thesen aus theoretischen und experimentellen Erkenntnissen ab, die sie selbst oder andere Gelehrte gewannen.

Mit Bezug auf unsere komplexe Welt, die möglicherweise vor einem Wärmekollaps steht, ist man gut beraten, sowohl Zusammenfassungen von Geschehnissen, als auch theoretische und experimentelle Erkenntnisse mit manchen Postulaten zu kombinieren.

So wurden auch die Thesen in diesem Buch formuliert. Manche Geschehnisse und Erkenntnisse werden in dem Buchtext systematisch aneinander gegliedert, bis sie in eine These münden, welche wie eine selbstverständliche Schlussfolgerung klingt. Andere Thesen werden dem erklärenden Text vorangesetzt, als mutige

Behauptungen, sie sollen den Leser zunächst provozieren. Danach werden sie mit Fakten unterfüttert, wobei einige Postulate, gestützt auf langjährige und vielfältige wissenschaftliche Erfahrungen des Autors nicht fehlen.

In dieser Weise entsteht ein System, in dem manche Thesen am Ende einer Ableitung, andere am Anfang einer Demonstration stehen, das macht alles lebhafter.

Der vorgeschlagene Rettungsplan steht im ganz finalen Kapitel, als Zusammenfassung der Thesen die in den einzelnen Kapiteln abgeleitet oder demonstriert wurden.

Worum geht es aber eigentlich in diesem thesenbehafteten Buch? Haben wir überhaupt eine Chance die Welt aus dem Dilemma Energie versus Kohlendioxid zu befreien?

Die Weltbevölkerung wird in den nächsten drei Jahren acht Milliarden Menschen umfassen, in den nächsten drei Jahrzehnten werden es zehn Milliarden sein. Andererseits lassen die technische und die wirtschaftliche Entwicklung in der Welt den jährlichen Pro-Kopf-Energieverbrauch kräftig steigen. Die Anzahl der Menschen von Jahr zu Jahr, multipliziert mit dem jeweiligen Pro-Kopf-Verbrauch, zeigt einen explodierenden Energiebedarf. Ob Homo sapiens diese Energie irgendwie beschaffen kann ist nicht mehr das Problem: Die Entfaltung der meisten Energieformen verursacht aber Kohlendioxid, dieses hat bereits eine bedrohliche Atmosphärenerwärmung bewirkt, seine Klimaneutralität ist jetzt zwingend erforderlich. Das Schließen aller Kohlekraftwerke, aber auch der kohlendioxidfreien

Atomkraftwerke, das Verbieten aller Verbrennungs-kraftmaschinen, die Schiffe, Flugzeuge, Baumaschinen und Automobile bewegen, das sind radikale Ideen ohne Vorstellungen über die Konsequenzen. Alternativlösungen haben die jeweiligen Ideenträger schon gar nicht.

Dieses Buch widmet sich der Suche nach Energieformen und -mengen für die Zukunft, bei Einhaltung der Klimaneutralität, teils durch drastische Senkung, teils durch Recyceln der dabei entstehenden Kohlendioxidemission.

Der Weg von Energie zu Kohlendioxid beginnt bei Menschen und Tieren mit der Atmung und mit der Nahrung. Bei den Pflanzen ergibt Kohlendioxid Nahrung, also ein umgekehrter Kreislauf, der beim Bau neuer Maschinen und Anlagen zunehmend Beachtung findet, wie zahlreiche Beispiele in diesem Buch zeigen.

Die Flugzeuge, die Tanker und die Automobile sind immer im Fokus der Kritik, die wahren Energiefresser und gleichzeitig Kohlendioxidverursacher sind aber andere, wie es im Buch dargestellt wird. Elektroantriebe statt Verbrennungsmotoren lösen auch nicht den Konflikt Energie-Kohlendioxid, dafür gibt es effizientere Wege, worauf auch eingegangen wird.

Ein zentraler Abschnitt des Buches ist der Energie ohne Kohlendioxid gewidmet, angefangen von den Hoffnungsträgern - Photovoltaik, Windkraft und Wasserkraft - mit ihren Vorzügen, aber auch mit ihren Nachteilen.

Die zukunftsträchtigen Lösungen zur Energieabsicherung bei gleichzeitiger Klimaneutralität werden jedoch in diesem Werk hauptsächlich aus der Perspektive energetischer Kreisläufe betrachtet: Der Wasserkreislauf *Natur-Elektrolyse-Maschine-Natur* wird dem Kohlendioxidkreislauf *Natur- Photosynthese in Pflanzen- Maschine-Natur* gegenübergestellt.

Die Ergebnisse sind aus dieser Perspektive größtenteils überraschend.

Dass die Energieerzeugung Kohlendioxidemission verursacht ist allgemein bekannt. Dass aber Kohlendioxid Energie als Wärme, Strom und Kraftstoff generieren kann, wohl weniger, weswegen auch entsprechende Vorhaben vorgestellt werden.

Zahlreiche Forschungs- und Entwicklungsprojekte auf den entsprechenden Gebieten, mit aktiver Beteiligung des Autors, zusammen mit Industriepartnern aus mehreren Ländern, sind ein guter Anlass, sich diesen Themen zu widmen.

Cornel Stan   Zwickau, Deutschland, Oktober 2020

Inhaltsverzeichnis

Inhaltsverzeichnis

Teil I

Energie und Kohlendioxid

1

Materie

Menschen, Fauna und Flora würden ohne Nahrung und Wärme nicht existieren. Die Menschen brauchen sowohl leibliche als auch geistige Nahrung, sowohl leibliche, als auch geistige Wärme. Genügt für Tiere und Pflanzen nur die leibliche Nahrung? Wohl kaum: Geistige Nahrung und Wärme brauchen sie auch, die Menschen können das oft, zum Beispiel aus dem Zusammenzucken der Mimose oder aus den Augen des Dackels deuten.

Menschen, Fauna und Flora einerseits, Nahrung und Wärme andererseits sind Erscheinungsformen der Materie.

Ist die *Materie* das Gegenstück der Idee, oder eine Schöpfung des Geistes? Platon (griechischer Philosoph, 428-348 v. Chr.) meinte, dass die Elemente Erde, Wasser, Luft, Feuer und Äther von einem Demiurgen, also von einem gütigen Schöpfergott, geschaffen wurden. Diese Elemente waren dann die Grundlage für alle anderen Körper.

Aristoteles (griechischer Universalgelehrter, 384-322 v. Chr.) raffinierte die Weisheit seines Lehrers Platon: „Materie ist die Möglichkeit, geformt zu werden".

© Der/die Autor(en), exklusiv lizenziert durch
Springer-Verlag GmbH, DE, ein Teil von Springer Nature 2021
C. Stan, *Energie versus Kohlendioxid*,
https://doi.org/10.1007/978-3-662-62706-8_1

Schön gesagt – man erwartet also immer von der Materie etwas Materielles zu sein, also ein Stoff, ein Körper, eine *Masse* – ein Körper, der greifbar ist, eine Masse als Gewicht, messbar in Kilogramm!

*Die Erscheinungsform der **Materie** war, nach dem damaligen Wissensstand, die **Masse**.*

Und was oder wer bringt eine solche Masse in die eine oder in die andere Form? Ein Geist, als Prozesstreiber zwischen einem Brotteig und einem Brotlaib? Dieser Geist braucht dafür Energie!

Ist die *Energie* „lebendige Wirklichkeit und Wirksamkeit", wie die griechischen Philosophen der Antike meinten? Erst im Jahre 1807 definierte Thomas Young (englischer Physiker, 1773-1829) die Energie als „Stärke ganz bestimmter Wirkungen, die ein Körper (also eine Masse) durch seine Bewegung hervorrufen kann". Etwas umständlich ausgedrückt, nicht wahr? Damit ist eigentlich gemeint, dass der Bäcker mit seiner Muskelkraft die Arme derart bewegen kann, dass er aus einem Brotteig einen Brotlaib formen kann. Die Gelehrten könnten es manchmal klarer und einfacher sagen, wenn sie nicht unter dem Zwang zur Formulierung universell geltender Sätze stünden. Das ist wie mit den Gesetzen der Juristen.

Zurück zum Becker: Die Kraft seiner Arme, die immer wieder auf einer oder der anderen Strecke wirkt, bedeutet mechanische Arbeit. Und diese Arbeit ist eine Energieform.

Kann die Masse (in dem Fall das Gewicht des Bäckers) die Energie seiner Arme beeinflussen? Oder umgekehrt, geht der Bäcker ein, wenn er zu viel knetet? Zugegeben, dieses Beispiel könnte zu philosophischen Spekulationen auf falschen Pisten führen.

Es gibt ein einfacheres Beispiel, das Ergebnis ist allerdings für Nicht-Spezialisten total unerwartet:

Wenn wir einen Liter Benzin (das sind etwa 0,7 Kilogramm Masse) in einem Kolbenmotor verbrennen, entsteht Arbeit am beweglichen Kolben und damit an der Kurbelwelle, die an das Rad übertragen wird. Ist unser Kilogramm Benzin dadurch verschwunden? Man würde sofort „ja" sagen: Energie wurde mit Masse bezahlt.

Das ist absolut falsch! Das Benzin hat während der Verbrennung chemisch mit Sauerstoff aus der Luft reagiert, es kam zu anderen Bestandteilen *(hauptsächlich Kohlendioxid, Wasser und einem größtenteils nichtreagierenden Stickstoffanteil in der Luft, dazu, gelegentlich, auch zu einigen Spuren von Stickoxiden und von anderen Stoffen, die zumindest in der Massenbilanz vernachlässigbar sind).* Ist die Masse der resultierenden Bestandteile kleiner als die Summe der Massen von Benzin und Luft?

Nein, grob betrachtet bleibt sie gleich. Genauer betrachtet ist aber die Masse nach der Energieentfaltung größer als zuvor, sagt Einstein!

*Die Erscheinungsformen der **Materie** waren, nach diesem Wissensstand, **Masse** und **Energie**.*

Das Wissen bleibt aber nicht auf einem Stand.

Die Sonne schickt in allen Richtungen, so auch zu unserer Erde, elektromagnetische Wellen. Auf diesen Wellen reiten mit Lichtgeschwindigkeit (300 Millionen Meter pro Sekunde) Photonen, das sind die winzigsten Teilchen, die von Menschen bisher entdeckt wurden. Bis vor Kurzem hat man die Photonen als Energieteilchen ohne eigene Masse betrachtet. Inzwischen hat man aber doch ihre winzige Masse detektiert. Interessant an den elektromagnetischen Wellen ist aber noch etwas anderes: Eine Sonnenstrahlung, als Mutter aller Strahlungen, wird auf allen Wellenlängen emittiert, von der kosmischen über Gamma-, Röntgen- und ultravioletten Strahlung bis in den sichtbaren und infraroten Bereich. Dazu ist die Intensität der Strahlung auf diesen Wellenlängen (Watt pro Kubikmeter) stark unterschiedlich [1].

Jede Strahlung von elektromagnetischen Wellen, ob von der Sonne, von einem Körper (auch Menschenkörper), oder von einem elektrischen/elektronischen Gerät ist auf Grund der variablen Intensitäten und Wellenlängen ein Informationsträger!

Die Information ist eine Kodierung, die der Empfänger nutzt, um die empfangene Energie in seinen eigenen Massenanteilen zu sortieren.

Die Erscheinungsformen der **Materie** sind, nach dem jetzigen Wissensstand, **Masse, Energie und Information.**

These 1:   Die Erscheinungsformen der Materie – Masse, Energie und Information –beeinflussen sich während eines Prozesses zwischen zwei Gleichgewichtszuständen eines materiellen Systems gegenseitig.

2

Energie versus Kohlendioxid bei der Ernährung von Menschen

Kann sich ein Mensch mit der Energie der Sonnen-strahlen direkt ernähren? Wohl kaum. Das würde zwar eines der größten Probleme der Menschheit lösen, die Unterernährung. Gerade in den Weltregionen, in denen dieses Problem besonders akut ist, scheint die Sonne am meisten.

Das funktioniert aber nicht. Der Tourist, der so hungrig nach der Urlaubssonne auf Mallorca ist, kann sich durch zu langes Liegen an der Sonne, ohne Schirm und ohne Creme, Hautverbrennungen, Kopfschmerzen und Durchfall holen. Die elektromagnetische Strahlung der Sonne prallt auf seinen Körper mit allen Wellenlängen, hohen Intensitäten, als Wärmestrom, der über Stunden als *Wärme* (eine Energieform, wie die *Arbeit*) gesam-melt wird. Gesammelt ist aber nicht gespeichert, Wärme kann man nicht speichern, sie wirkt nur wäh-rend der Zustandsänderungen des armen Subjektes. Die Form in der der Körper diese Energie speichert heißt *Innere Energie*. Er speichert sie aber kodiert, auf Wellenlängen und Intensitäten, in seinen diversen Or-ganen. Die Muskeln werden heiß und wollen Wasser durch die Haut sprühen, die Haut lässt zwar das Wasser durch ihre Poren raus, ihr Gewebe an der Oberfläche wird aber von den Sonnenstrahlen verbrannt und getrocknet, am Ende ist sie feuerrot und schält sich ab. Dem Gehirn geht es nicht viel besser: Die Erhöhung seiner inneren Energie durch die gewaltige Wärmezufuhr lässt die Moleküle in den Grauzellen richtig tanzen, das bewirkt Wahnvorstellungen in einem ungewollten Halbschlaf.

Wenn manche Wellenlängen und Intensitätsspitzen gemieden werden können, dann gibt die Sonnenstrahlung der menschlichen Seele Glück, sie gibt dem Körper Wärme: Aber sie kann nicht den Hunger stillen, sie kann ihre Energie nicht den Körperzellen vermitteln, die sie für die Erhaltung der Körperfunktionen benötigen. Die Zellen brauchen Kohlenstoffe und Kohlenwasserstoffe, die mit dem Sauerstoff aus der Luft, durch chemische Reaktionen, die der Verbrennung ähneln, direkt vor Ort Wärme generieren.

These 2:   Die Energie die ein Mensch oder jedes andere Lebewesen für die Ernährung seiner Körpermasse zwecks einer zu führenden Arbeit benötigt, kann weder durch Sonnenstrahlung auf der Haut, noch durch Windböen in der Nase oder durch Wassermassage der Muskeln generiert werden.

Wenn in einem Verbrennungsmotor Benzin mit Sauerstoff aus der Luft verbrannt wird, entsteht auch das bereits erwähnte Kohlendioxid. Und wenn in den Zellen des menschlichen Körpers Kohlenwasserstoffe (Kohlenhydrate) mit Sauerstoff aus der eingeatmeten Luft chemisch, ähnlich den Verbrennungsvorgängen, reagieren? Entsteht dann auch Kohlendioxid?

Ein Mensch atmet im Durchschnitt 12 bis 15 Mal pro Minute Luft in die Lungen ein. Die zwei Lungen haben gewöhnlich ein Volumen zwischen 0,5 und 0,7 Liter. Der Mensch atmet also zwischen 6 und 10,5 Liter Luft pro Minute ein. 8 Liter pro Minute können als Richt- und Vergleichswert dienen. *Die vier Zylinder eines Automobil-Kolbenmotors mit einem Gesamthubvolumen von zwei Litern saugen bei einer Drehzahl von 3000 U/Min 1500 Mal pro Minute Luft an.*

Bei einer Umgebungstemperatur von 20 °C enthalten die 8 Liter, die der Mensch pro Minute einatmet, 9,5 Gramm Luft. *Im Vergleich dazu saugt der Kolbenmotor bei 3000 U/Min 3,56 Kilogramm Luft pro Minute an.*

Der Kolbenmotor nimmt demzufolge 375-mal mehr Luftmasse pro Minute als der Mensch ein.

Andererseits atmet der Mensch unter den gezeigten Bedingungen, bei voller Puste, eine Abluft aus, in der sich durchschnittlich 0,605 Gramm Kohlendioxid pro Minute befinden. *Beim Motor sind es, unter den gezeigten Bedingungen, bei Volllast, 750 Gramm Kohlendioxid pro Minute, also 1240-mal mehr als beim Menschen (beide Kohlendioxidwerte werden des Weiteren noch abgeleitet).*

Zwischen dem Lufteinnahme-Verhältnis Motor/Mensch und dem Kohlendioxidausgabe-Verhältnis Motor/Mensch steht also ein Faktor von rund 1:3 (375:1240).

Diese Zahlen können wie folgt abgeleitet werden: Der Mensch atmet in den 8 Litern Luft pro Minute 21%Vol. Sauerstoff, 78%Vol. Stickstoff, 0,038%Vol. Kohlendioxid und, im Übrigen, Edelgase wie Neon,

Argon, Krypton. Beim Ausatmen sind es 17%Vol. Sauerstoff (4%Vol. wurden also einbehalten), 78%Vol. Stickstoff (unverändert zwischen Ein- und Ausatmen) und, nunmehr auch 4,03%Vol. Kohlendioxid, welches aus der Verbrennung der eingenommenen Nahrung, beziehungsweise aus den Prozessen im gesamten Organismus resultieren.

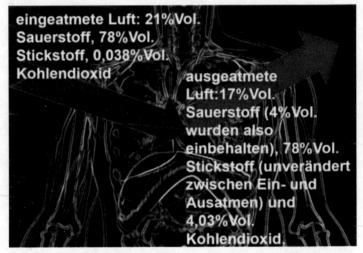

eingeatmete Luft: 21%Vol. Sauerstoff, 78%Vol. Stickstoff, 0,038%Vol. Kohlendioxid

ausgeatmete Luft:17%Vol. Sauerstoff (4%Vol. wurden also einbehalten), 78%Vol. Stickstoff (unverändert zwischen Ein- und Ausatmen) und 4,03%Vol. Kohlendioxid.

Bild 1   *Ein Mensch atmet pro Minute 9,5 Gramm Luft (8 Liter, davon 0,038%Vol CO_2); beim Ausatmen sind es 4,03% Vol. CO_2 (dafür sank die Sauerstoffkonzentration in der ausgeatmeten Luft um 4%)*

Fazit: Von dem eingeatmeten Luftvolumen wurden 4% Sauerstoff einbehalten, in dem ausgeatmeten Luftvolumen erschienen rund 4% Kohlendioxid. Allerdings hat das Kohlendioxid Moleküle mit einer größeren Masse als jene, die 99% der Luft ausmachen (Stickstoff und Sauerstoff). Aus diesem Grund ist die ausgeatmete Luft schwerer als die eingeatmete, ein bemerkenswertes Ergebnis!

Der Vergleich zwischen der innerhalb eines Jahres eingenommenen Luftmasse und der ausgestoßenen Kohlendioxidmasse zwischen Menschen und Motor führt dann zu einer ganz neuen Erkenntnis:

Im Falle des Menschen bedeuten die 9,5 Gramm Luft pro Minute 0,57 Kilogramm Luft pro Stunde, beziehungsweise 5 Tonnen Luft pro Jahr! Der Kohlendioxidausstoß von 0,605 Gramm pro Minute summiert sich zu 318 Kilogramm pro Jahr.

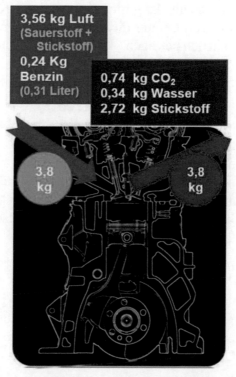

Bild 2 *Ein Zwei-Liter-Kolbenmotor saugt 3,56 kg Luft pro Minute an, dazu 0,24 kg Benzin und stößt nach ihrer Verbrennung 0,74 kg CO_2, 1,42 kg Wasser und 1,64 kg Stickstoff aus (dazu einige Milligramm Stickoxide und andere Stoffe)*

Der Motor braucht 3,56 Kilogramm Luft pro Minute, das sind 1871,136 Tonnen jährlich -vorausgesetzt er würde das gesamte Jahr über, durchgehend, bei Volllast mit 3000 U/Min laufen. Der Motor läuft aber nicht durchgehend bei voller Last und munterer Drehzahl das ganze Jahr über.

Der Mensch aber auch nicht: Wenn er sich eine angenehme Zeit im Sessel genehmigte, würde er 2100 m^3 Luft jährlich einatmen, vorausgesetzt dieser Zustand würde sich ein Jahr lang nicht ändern. Der Kohlendioxidausstoß würde unter diesen Bedingungen 163 Kilogramm jährlich betragen (4,03% Vol. CO_2 in der ausgeatmeten Luft multipliziert mit der CO_2 Dichte). Wenn der Mensch aber richtig belastet würde, wären es 25.000 m^3 Luft und 1980 kg CO_2.

Und der Motor? Die jährliche Durchschnittfahrstrecke eines Automobils in der Europäischen Union liegt statistisch bei rund 15.000 Kilometer im Stadt-Land-Verkehr und zwar nicht immer bei Volllast, sondern nach einem Fahrprofil zwischen Leerlauf, Teillast und selten Volllast. Ein Automobil funktioniert also etwa 2 Stunden täglich, der Mensch aber 24 aus 24!

Der durchschnittliche jährliche Streckenverbrauch eines Mittelklasse-Automobils mit Kolbenmotor beträgt 7 Liter [Kraftstoff/100 km], das sind 1050 Kilogramm Kraftstoff pro Jahr. Daraus resultieren, bei einer üblicherweise vollständigen Verbrennung des Benzins, 3255 kg CO_2 [2].

Der Kohlendioxidausstoß von Automobilen wurde von der Europäischen Union ab 2020 auf einen Flottenwert von 95 Gramm CO_2/km] gesenkt. 0,095 kg/km ergeben bei 15.000 km/Jahr 1425 kg CO_2/Jahr. Bei der *für 2050 geplanten CO_2 -Limitierung von 20 gCO_2/km, die ein Flottenverbrauch von 0,88 Liter Kraftstoff/100km bedeuten würde, wäre der jährliche Kohlendioxidausstoß gerade einmal 300 Kilogramm.*

Der jährliche Kohlendioxidausstoß des Menschen liegt, je nach Belastung, zwischen 163 und 1980 Kilogramm Kohlendioxid.

These 3: Der Verbrennungsmotor eines modernen, durchschnittlichen Automobils emittiert bei einer jährlichen Fahrstrecke von 15.000 Kilometern im Stadt-Land-Verkehr, nach einem üblichen EU-Fahrprofil, genauso viel Kohlendioxid pro Jahr wie ein durchschnittlicher Mensch mit einem in Europa üblichen Arbeitsprogramm.

Für einen einzelnen Verbrennungsmotor in einem Automobil wird es jedoch kaum möglich sein einen Kraftstoffverbrauch von 0,88 l/100km zu erreichen, der zu 20 Gramm Kohlendioxidausstoß je Kilometer führen könnte. Dafür gibt es zwei Alternativlösungen: Entweder eine Kombination Verbrennungsmotor/Elektromotor im Antriebssystem jedes einzelnen Autos, oder die Herstellung einer überproportionalen Anzahl von Elektroautos im Vergleich zu Verbrenner-Autos innerhalb einer Marke [2].

Vor solchen Lösungen empfiehlt sich aber unbedingt die Nutzung von CO_2-neutralen Bio-Kraftstoffen, auf die in einem weiteren Kapitel ausführlich eingegangen wird.

Der Mensch ernährt sich mit vielen Energieträgern welche Kohlenstoff enthalten, so wie der Motor. Auch wenn der jährliche Kohlendioxidausstoß von Menschen und Motor vergleichbar ist, besteht derzeit zwischen den jeweiligen Energieträgern ein prinzipieller Unterschied: Die Lebensmittel mit denen sich der Mensch ernährt enthalten Kohlenstoffatome, welche in einem natürlichen, relativ kurzzeitigen biologischen Kreislauf recycelt werden. Der Motor wird jedoch bisher hauptsächlich mit fossilen Brennstoffen ernährt – Kraftstoffe aus Erdöl sowie Erdgas – die in Millionen von Jahren in jener Form entstanden sind. Das vom Motor ausgestoßene Kohlendioxid infolge ihrer Verbrennung wird in der Atmosphäre, ohne Recycling innerhalb eines messbaren Zeitintervalls akkumuliert.

These 4: Ein Verbrennungsmotor braucht, wie der Mensch, Energieträger, die eine Photosynthese durchlaufen, wie Bioabfall, oder organische Veränderungen erfahren haben, wie Biogas. Erst dann wird ein Vergleich zwischen der Kohlendioxidemission des Menschen und des Verbrennungsmotors zulässig.

Welche der Lebensmittel des Menschen enthalten Kohlenstoffatome, die dann, infolge der Energieverarbeitung im Organismus zu Kohlendioxid werden? Die Antwort ist klar: alle! Der Mensch braucht Kohlenwasserstoffe, Proteine und Fette. Alle enthalten Kohlenstoffatome. Mineralstoffe wie Eisen, Kobalt, Kupfer, Mangan, Selen oder Zink, sowie Vitamine wie Thiamin, Niacin oder Pyridoxin sind in einem so geringen Prozentsatz enthalten, dass sie für eine reine Massenbilanz vernachlässigbar sind.

Was die Nahrungsmenge anbetrifft, braucht ein gesunder Mensch, der weder faul noch Leistungssportler ist, eine tägliche Lebensmittelzufuhr von durchschnittlich

2000 Kilokalorien, also 8363 Kilojoule. Die Ernährungswissenschaftler teilen diese Nahrung allgemein sehr strikt: täglich 264 Gramm Kohlenhydrate (Kohlenwasserstoffe in der Motorsprache), 66 Gramm Fette, 72 Gramm Proteine. Dazu noch mindestens 2,2 Liter Wasser pro Tag. Und wenn es mal ein Bier statt Wasser wird, sollen seine Kohlenhydrate von dem oben genannten Nahrungslimit abgezogen werden.

Die strikt empfohlenen Kohlenhydrate, Fette und Proteine sollen an dieser Stelle, für ein besseres Verständnis, in ihrer schmackhaften Form aufgeführt werden, um nicht zu abstrakt zu bleiben. Es empfiehlt sich eine solche Bilanz für ein ganzes Jahr zu machen, weil der Mensch nicht jeden Tag die gleiche Menge an Bananen oder Kartoffeln isst. Es ist weiterhin auch sehr aufschlussreich zwischen den Empfehlungen der Ernährungswissenschaftler und der Realität einen qualifizierten Vergleich anzustellen (siehe Tabelle 1).

Der Mensch isst also in Deutschland, im Durschnitt, jährlich 1,6-mal mehr, als er sollte. Die Statistik macht keine Angaben über die Unterschiede zwischen Asketen und Gourmands.

Der Verbrennungsmotor funktioniert sowohl mit fossilen als auch mit regenerativen Kraftstoffen.

Ein Dieselkraftstoff aus Erdöl besteht allgemein aus 84% Kohlenstoff und 16% Wasserstoff, Erdgas (Methan) aus 75% Kohlenstoff und 25% Wasserstoff. Der Heizwert beider Kraftstoffe ist unnähernd gleich, eher geringfügig größer fürs Methan. Es ist also vorteilhafter, ein Kilogramm Methan anstatt eines Kilogramms Dieselkraftstoff für einen gleichen Energieerhalt in Form von Wärme zu verbrennen. Im Abgas wird aber nach der Methan-Verbrennung mehr Wasser und weniger Kohlendioxid als im Falle der Dieselkraftstoffverbrennung zu finden sein [2].

Das Methan für den Verbrennungsmotor sollte allerdings in der Zukunft nicht mehr aus fossilem Erdgas, sondern aus Biogas bestehen, um ein Recycling der Kohlendioxidemission in der Natur zu gewähren. Die Reste aller oben aufgeführten Lebensmittel der Menschen bilden die beste Basis für Biogas-Gewinnung für die Motornahrung in Form von Methan.

Ähnliche recyclebare Kraftstoffe sind, unter anderen, Alkohole wie Methanol und Ethanol.

Ethanol ist aber nicht nur dem Verbrennungsmotor, sondern auch vielen Menschen sehr recht. Im Verbrennungsmotor brennt es schnell und gut. Im Menschen brennt es schnell, aber schmackhaft, von Whisky und Cognac bis Grappa und Obstler.

Wenn sich ein Mensch mit der Energie der Sonnenstrahlen nicht direkt ernähren kann, so ist doch das Ethanol ein indirektes Produkt der Sonnenstrahlung, über die Photosynthese in den Pflanzen, aus dem es produziert wurde. Könnte der Mensch nicht seine Energie als Arbeit und Wärme nur vom Ethanol beziehen, wie ein Verbrennungsmotor?

Die tägliche Energieration für einen Menschen, von durchschnittlich 2000 Kilokalorien, also 8363 Kilojoule, wie zuvor erwähnt, wird an dieser Stelle, für den folgenden Vergleich, etwas mehr detailliert:

Allgemein wird einer Frau im besten Alter und in bester Form eine Energiezufuhr von einer Kilokalorie pro Kilogramm Körpergewicht pro Stunde empfohlen.

Das macht für eine Frau, die 65 Kilogramm wiegt, in 24 Stunden 1560 Kilokalorien pro Tag aus (mit Bitte um Verständnis für die vorläufige Verwendung von Kilokalorien, weil sich die Menschen daran gewöhnt haben, die Kilojoule kommen aber noch!).

Für einen Mann im besten Alter und in bester Form werden 2400 Kilokalorien pro Tag empfohlen, er ist schließlich schwerer als die Frau und verbrennt die Kilokalorien intensiver.

Aber auch in dem Punkt gilt: Mann ist nicht gleich Mann, wenn auch in guter Verfassung. Einem Leistungssportler wird eine tägliche Energiezufuhr von 6000 bis 8000 Kilokalorien empfohlen.

Eine Kilokalorie entspricht 4,184 Kilojoule (oder Kilo-Newton-Meter, präziser formuliert Kilo-Kilogramm-Meter je Sekunde im Quadrat mal Meter).

Der normale Mann braucht demzufolge eine Energiezufuhr von 10.000 Kilojoule pro Tag, der Leistungssportler bis zu 33.500 Kilojoule.

Und nun zum Automobil: Benzin hat einen durchschnittlichen Energiegehalt von 43.000 Kilojoule pro Kilogramm, oder 31.610 Kilojoule pro Liter. Ethanol, als Energieersatz für Benzin in Ottomotoren, hat einen Energiegehalt von „nur" 24.150 Kilojoule pro Liter (weil es, im Unterschied zum Benzin, auch Sauerstoff in seiner Struktur enthält).

Ein Automobil mit einem Benzinverbrauch von sieben Litern pro hundert Kilometern schluckt auf einer solchen Strecke 221.270 Kilojoule [2]. Das sind 6,6-mal mehr als im Falle eines Leistungssportlers pro Tag. Wenn die Energieumsetzung zwischen dem Tank und den Rädern des Autos, beziehungsweise dem Magen und den Muskeln des Sportlers ohne jegliche Verluste verliefen, so würde diese Differenz von 6,6:1 auf nur 2:1 schrumpfen. Das zeigt, dass die Ingenieure die Effizienz der Autos noch deutlich verbessern sollten, der Mensch ist dafür ein gutes Muster.

Tabelle 1   Lebensmittel für Menschen pro Kopf und Jahr

LEBENSMITTEL-GRUPPE	IST: PRO-KOPF-VERBRAUCH (DURCHSCHNITT) *	SOLL: EMPFEHLUNG DGE**PRO JAHR
Getreideerzeugnisse (Brot, Brötchen, Nudeln u.a.)	**fast 90 kg**	**73 kg**
Reis, Hülsenfrüchte und Kartoffeln	**fast 70 kg** 4,5 kg Reis, 0,5 kg Hülsenfrüchte, fast 61 kg Kartoffeln und 1,5 kg Kartoffelstärke	**73 kg**
Zucker, Glukose, Isoglukose, Honig und Kakao	**50 kg,** davon 33 kg Zucker, 9,1 kg Glukose, 1,1 kg Isoglukose, 1 kg Honig, 3,1 kg Kakaomasse	keine Empfehlung
Gemüse und Obst	**über 200 kg,** davon ca. 91 kg Gemüse 70 kg Obst, 45 kg Zitrusfrüchte, ca. 4 kg Schalenfrüchte, 1,4 kg Trockenobst	**Insgesamt 237,25 kg** 146 kg (Gemüse) 91,25 kg (Obst)

Fleisch und Flei-scherzeugnisse	**fast 90 kg,** davon 1,4 kg Rind- und Kalbsfleisch, 54,1 kg Schweine-fleisch, 0,9 kg Schaf- und Ziegenfleisch, 0,5 kg Innereien, fast 19 kg Geflügel-fleisch, fast 2 kg sonstiges Fleisch	**15,6 kg**
Fisch und Fischer-zeugnisse	**fast 16 kg**	**7,8 kg**
Milch und Milcher-zeugnisse	**134 kg,** davon ca.103 kg Frisch-milcherzeugnisse, 6 kg Sahne, 2,1 kg Kondensmilch, 0,3 kg Ziegenmilch, 23 kg Käse 1,7 kg Vollmilchpul-ver, 1 kg Magermilchpul-ver	**Insgesamt 91,25 kg** 73 kg Milch/ Joghurt 18,25 kg Käse
Öle und Fette	**fast 20 kg,** davon 5,6 kg Butter, 5,3 kg Margarine, 0,3 kg Speisefette, 11,2 kg Speiseöl	**Insgesamt 9,13 kg** 5,48 kg 3,65 kg
Eier	**über 210**	**156 Eier**

* Bundesanstalt für Landwirtschaft und Ernährung (BLE) (2010): Statistisches Jahrbuch über Ernährung, Landwirtschaft und Forsten. Bonn. (206. Verbrauch von Nahrungsmitteln je Kopf)

**Deutsche Gesellschaft für Ernährung

Drehen wir es um: Wenn der Mensch mit Benzin funktionieren würde, so wären seine 10.000 Kilojoule pro Tag von 0,361 Kilogramm Benzin oder von 0,414 Kilogramm Ethanol gedeckt. Nun haben aber Whisky, Cognac, Grappa und Obstler eine durchschnittliche Ethanol-Konzentration von 40%, das senkt proportional den Heizwert von Ethanol, wodurch für 10.000 Kilojoule pro Tag der Verbrauch auf 1,03 Liter pro Tag steigt. Das wäre für den armen Mann doch zu viel: keine Nahrung, dafür ein Liter Schaps pro Tag für die angeordneten zehntausend Kilojoule! Lassen wir ihn lieber erstmal gesund laufen, Kraft mal Weg (Newton-Meter, oder Kilo-Newton-Meter) bedeutet Arbeit, also Energie: Empfohlen werden stets etwa 8.000 Schritte pro Tag, lockeres Laufen. Bei einer Schrittlänge von 0,7 Metern bei 1,70 -1,90 Metern Körperhöhe sind es 5,6 Kilometer am Tag. Das macht bei einem Körpergewicht von 75 Kilogramm 1.166 Kilojoule aus der Tagesration von 10.000 Kilojoule, also 11,7%.

Die meiste Energie dient der Erhaltung der Körpertemperatur von 37°C gegenüber der Umgebung mit variabler Temperatur durch Wärmeaustausch,[1], der Arbeit der Organe im Körper (jeweils ein Viertel für Gehirn und Muskulatur, der Rest für Leber, Lunge, Herz, Nieren, Darm und weitere Organe) und für die Arbeiten die der Mensch nach außen verrichtet.

Ein Beispiel ist sehr aufschlussreich: Ein unbekleideter Mann am Strand bei 25°C Umgebungstemperatur strahlt bei einer eigenen Körpertemperatur von 37°C etwa 100 Watt dauernd aus [1].

These 5: Wenn ein Mensch 24 Stunden unbekleidet unter freiem Himmel bei einer konstanten Umgebungstemperatur von 25°C bliebe, so würde ihn die Wärmestrahlung seines Körpers 2400 Watt-Stunden kosten, das sind 8640 Kilojoule, also genau die empfohlene Energietagesration für einen durchschnittlichen Menschen.

Das heißt, um seine Organe am Laufen zu halten, müsste sich der Mensch währenddessen auch zusätzlich ernähren. Bei niedrigeren Umgebungstemperaturen ist seine Wärmestrahlung auch viel höher als 100 Watt, deswegen kann man verstehen, dass die Zufuhr energiehochgeladener flüssiger Nahrung in stets kalten Gegenden, insbesondere oberhalb des fünfzigsten nördlichen Breitengrades, – ob Wodka, Whisky oder selbstgebrannter Schnaps – ihre Berechtigung zu haben scheint.

Für die vorhin empfohlene Laufstrecke von 5,6 Kilometern, der Gesundheit zuliebe, läge der Schnapsverbrauch bei 0,1166 x 1,03 = 0,12 Liter pro Tag, das sind dreimal 4 cl.

Für hundert Kilometer zu Fuß pro Tag würde sich dieser Wert dramatisch, auf 2,14 Liter erhöhen! Deswegen, um gesund zu bleiben, sollte man mit dem Laufen nicht übertreiben!

Alles in allem: Zu der Frage, ob das Ethanol, im Zusammenhang mit möglicherweise begrenzten Erträgen und Produktionskapazitäten, ehcr dem Automobil oder doch dem Menschen zusteht, gibt es eine klare Antwort: Fahren oder trinken.

3

Energie versus Kohlendioxid bei der Ernährung übriger Lebewesen

Der Mensch atmet, wie erwähnt, Luft aus der Atmosphäre, bestehend aus Sauerstoff, Stickstoff, aber auch aus Kohlendioxid mit einer Konzentration von 0,038% Vol. ein. Beim Ausatmen fehlen aus dieser Luft 4,03% Vol. Sauerstoff, dafür erscheinen aber 4,03% Vol. Kohlendioxid. Die Verbrennung der eingenommenen Nahrung braucht also Sauerstoff, und weil jede Art menschlicher Nahrung Kohlenstoff enthält, resultiert daraus auch Kohlendioxid.

Dieser Mechanismus gilt für alle Lebewesen die Luft einatmen und Nahrung auf Basis von Kohlenwasserstoffen, Proteinen und Fetten einnehmen.

Das größte Tier der Erde, der Blauwal, der im Durchschnitt 200 Tonnen wiegt, braucht als Energie – laut einer Studie der Kanadischen Universität von Britisch Columbia - 456.000 Kilokalorien am Tag. Dafür verzehrt er täglich eine Tonne Fisch. Das sind zwar ungewöhnlich große Zahlen, bei einer näheren Betrachtung aber ist der Blauwal eher sparsam mit der Energie: Die 456.000 Kilokalorien bezogen auf seine Masse von

© Der/die Autor(en), exklusiv lizenziert durch
Springer-Verlag GmbH, DE, ein Teil von Springer Nature 2021
C. Stan, *Energie versus Kohlendioxid*,
https://doi.org/10.1007/978-3-662-62706-8_3

200 Tonnen ergibt ein Verhältnis von 2,28 Kilojoule je Kilogramm.

Beim Menschen ergeben 2000 Kilojoule bezogen auf 75 Kilogramm ein Verhältnis von 26,6 - also, praktisch, das Zehnfache. Der Mensch braucht also pro Einheit seines Körpers 10 Mal mehr Energie, obwohl der Blauwal, mit seinem Herz, welches eine Tonne wiegt, 7000 Liter Blut im Kreislauf in Schwung bringen muss. Der Mensch bringt aber seine 5 bis 6 Liter Blut in den Kreislauf mit einer Frequenz des Herzens (Puls) von 60 bis 80 Pumpvorgängen pro Minute. Der Blauwal hat normalerweise einen Puls von nur 2 Schlägen pro Minute, nur wenn er auftaucht steigt der Puls auf bis zu 37 Schlägen pro Minute.

Als anderes Extrem kann eine Meise betrachtet werden: Sie wiegt im Durchschnitt nur 20 Gramm und braucht als Nahrung pro Tag 6 bis 8 Gramm Körner, die eine Energie von 20-30 Kilokalorien pro Tag ergeben. Ist das so wenig? 20 Kilokalorien Energie bezogen auf 20 Gramm Meise-Masse ergeben ein Verhältnis von 1000 Kilojoule pro Kilogramm – im Vergleich zu 2,28 beim Blauwal und zu 26,6 beim Menschen ist diese Zahl sensationell. Der Puls der Meise ist aber nicht 2 wie beim Blauwal und nicht 60, wie beim Menschen, sondern 800 Pumpvorgänge pro Minute! Sie muss sich eben die meiste Zeit in der Luft halten. Den Wal dagegen hält fast die ganze Zeit Archimedes im Wasser („Die Auftriebskraft entspricht der Gewichtskraft der verdrängten Flüssigkeit" – sagte der Gelehrte), den Menschen oft der Sessel in seinem beliebten Ruhestand.

Und der Hund, der treue Menschenbegleiter? Er braucht im Durchschnitt aller Rassen und Größen rund

100 Kilokalorien je Kilogramm Körpermasse pro Tag.
Ein Hund von 10 Kilogramm braucht also 1000 Kilokalorien pro Tag. 100 Kilojoule pro Kilogramm sind
nur ein Zehntel des massenbezogenen Energieverbrauchs einer Meise aber, andererseits, genauso viel
wie der Bedarf eines Leistungssportlers. Bezeichnend
dafür ist wieder der Puls (80-120 Schläge pro Minute),
der nur ein Zehntel jener einer Meise aber im Bereich
jenem eines Sportlers liegt.

**These 6:   Die den Menschen oder den übrigen Le-
bewesen zugeführte Energie in Form von Nahrung
enthält stehts Kohlenstoffatome. Durch die verbrennungsähnlichen chemischen Reaktionen in den
Zellen der Lebewesen, reagiert der Kohlenstoff aus
der Nahrung mit Sauerstoff aus der Luft, woraus
auch Kohlendioxid resultiert.**

Die Atemluft jedes Lebewesens, die aus der Umgebung bezogen wird, enthält, wie bereits dargestellt, neben Sauerstoff und Stickstoff auch 0,038 % Vol. Kohlendioxid.

Beim Ausatmen, nach den Reaktionen der Nahrung
und der Luft in den Zellen wurde bei Menschen eine
Konzentration von 4,03% Vol. Kohlendioxid in der
Luft festgestellt.

In der Annahme, dass die Prozesse in den Zellen der
meisten Lebewesen ähnlich wie im menschlichen Körper verlaufen, kann die folgende These aufgestellt werden:

These 7: Die von den Menschen und von den übrigen Lebewesen auf der Erde ausgeatmete Luft hat im Vergleich zu der eingeatmeten Luft, infolge der Reaktionen der Nährstoffe mit dem Luftsauerstoff in den Körperzellen, eine hundertfache Erhöhung der volumenmäßigen Kohlendioxidkonzentration zur Folge. Der absolute Wert (in Kilogramm) des ausgeatmeten Kohlendioxids hängt von der Lungenkapazität und von der Pulsfrequenz des jeweiligen Wesens ab.

Die Diskussionen zu dem Kohlendioxidausstoß der Menschen und der Tiere sind nicht neu, sie werden jedoch immer wieder entfacht, wenn es um den Klimawandel geht:

„Nicht die Industrie der Menschen, sondern die Menschen selbst sind die Verursacher des Klimawandels, weil die 7,8 Milliarden Menschen und die übrigen Lebewesen viel mehr Kohlendioxid ausatmen als sie einatmen. Und der sammelt sich eben mehr und mehr in der Atmosphäre, was die Zunahme des Treibhauseffektes beschleunigt." (Brandner, S., MdB, in der Bundestagsdebatte vom 11.10.2019 – tagesschau.de/faktenfinder/kohlendioxid/).

Eine solche Behauptung geht von einer falschen Logik aus: Die Lebewesen atmen zwar 100-mal mehr Kohlendioxid aus ein, die Kohle in diesem Dioxid stammt aber aus seiner Nahrung. Und die Lebewesen ernähren sich nun einmal mit Pflanzen, die in ihren Molekülen Kohlenstoff, gebunden in verschiedenen Strukturen, enthalten. Und wenn er doch nicht Rübe und Kartoffel, sondern Fleisch vom Schwein oder von der Kuh isst, so nehmen zuvor diese Tiere Pflanzenprodukte zu sich.

Entscheidend ist, dass Pflanzen, für ihre eigene Nahrung, Kohlendioxid aus der Atmosphäre binden. So schließt sich der Kreislauf des Kohlendioxids in der Natur nahezu vollständig. Ausgelassen wurde bei dieser Betrachtung die für die Nahrungszubereitung erforderliche Energie, die eine Kohlendioxidemission verursachen kann.

4

Energie aus Kohlendioxid für die Ernährung von Pflanzen und Bäumen

Innerhalb des photosynthetischen Pflanzenernährungs-
zyklus werden Kohlendioxid und Wasser aus der Umgebung absorbiert und mittels Energie der Sonnenstrahlung in Glukose, als Nahrung, umgewandelt. Die
grundsätzliche chemische Reaktion ist:

Kohlendioxid + Wasser = Glukose + Sauerstoff

$$6CO_2 + 6H_2O \xrightarrow{\text{LICHT}} C_6H_{12}O_6 + 6O_2$$

Die Photosynthese erfolgt allerdings als komplexe
Verkettung von Zwischenreaktionen, wobei es zwei
Hauptstufen gibt [2]:

- In der Lichtreaktionsphase wird das Chlorophyll in
  der Pflanze durch Lichtabsorption aktiviert, in dem
  Adenosin-Triphosphat (ATP) und eine Form von
  Triphosphopyridine-Nukleotiden (TPN) entstehen,
  wobei Wasser gespalten wird, um den für den Prozess erforderlichen Wasserstoff frei zu setzen.

- In der „dunklen" Reaktionsphase stellen die ATP-
  und TPN-Anteile die Energie für die Absorption des
  Kohlendioxids zur Verfügung. Dadurch entstehen

Kohlenhydrate beziehungsweise verschiedene Zuckerformen, zur Ernährung der Pflanze.

Eine Buche oder eine Kastanie nimmt im Durchschnitt doppelt so viel CO_2 auf wie eine Fichte, jede davon speichert also doppelt so viel Kohlenstoff. Auf der Produktseite der chemischen Reaktion generiert ein alter, gesunder und großer Baum von einer dieser zwei Spezies so viel Sauerstoff am Tag, dass 10 Menschen mit Atemluft versorgt werden können!

Während der Mensch die Energie für die Erwärmung seines Körpers und für die Funktion von Gehirn, Leber, Muskeln, Herz, Nieren und Darm braucht, muss ein Baum lediglich den Wassertransport von den Wurzeln bis zur Krone und den Informationsfluss von und zu seiner Umgebung absichern.

Der Baum scheint sein Gehirn im ganzen Körper verteilt zu haben. Er kommuniziert mit seinen Nachbarn. Eine Mimose bemerkt sofort einen Eindringling, was durch die Blätterbewegung eindeutig signalisiert wird. Ein Mensch trägt sein Gehirn, als konzentrierte Masse, an der obersten Stelle seines Körpers. Der Kopf als Gehirnträger wirkt wie eine Ehrenvitrine, er wird parfümiert, frisiert, gepudert, rasiert.

Im Bezug auf den Wärmeaustausch einer Pflanze mit der Umgebung, bei unterschiedlichen Temperaturen beider Systeme und auf die Arbeit für den Wärmetransport wird, als Beispiel, wieder ein großer, robuster Baum betrachtet:

Wärme: Eine Wärmestrahlung oder eine Konvektion vom Baumstamm zur Umgebung, die eine Wärmeabgabe zur Folge hätten, wie bei dem Menschen, sind bei einem Baum nicht feststellbar. Der Baum muss nicht ständig Temperaturen um 37°C in seinem Stamm gegen niedrigere Temperaturen in der Umgebung durch Wärmeabgabe absichern. Der Baum schützt allerdings sein lebendes Gewebe gegen große Temperaturschwankungen in der Umgebung durch Wärmeisolation. Die Borke ist wie ein Mantel: Die zahlreichen Luftbläschen in dem Holz der Borke wirken wie in den porösen Isolationsmaterialien für Wändedämmung bei Häusern, Speicher oder Leitungen die von Menschen gebaut werden. Luft hat eine Wärmeleitfähigkeit die etwa fünf Mal geringer als jene des Holzes ist, vorausgesetzt, sie kann nicht zirkulieren – deswegen die Bläschen als mikroskopische Inseln ohne Kontakt zueinander. Darüber hinaus besitzen Baumarten, welche kalte Winter überstehen müssen, eine Art Frostschutzmittel, gebildet aus Zuckerverbindungen und Eiweißstoffe in der Zellflüssigkeit. Ein solches Frostschutzmittel hat einen derart tiefen Gefrierpunkt, dass sich keine zerstörerischen Eiskristalle in dem Holz bilden können.

Arbeit: Viele Fachleute sind der Meinung, dass der Wassertransport in den Bäumen durch Saugspannungen zustande kommt, also durch Unterdruck in den Leitgeweben, infolge Verdunstung an den Stomata der Blätter (Spaltöffnungen der Epidermis, die zum internen und externen Gasaustausch eines Blattes oder einer Pflanze dienen). Der dafür erforderliche Transpirationssog ist möglich, weil die Wassermoleküle durch Kohäsion (innerer Zusammenhang der Wassermoleküle) starken Zugspannungen im holzigen Leitgewebe standhalten können. Die Druckdifferenz für den Wassertransport in einem 100 Meter hohen Mammutbaum (*Sequoia sempervirens*) beträgt nicht weniger als 20 bar! Der Sog der Blätter in der Baumkrone, der die

Wasserströmung mit einem solchen Druck nach oben ziehen kann ist andererseits durch die von der Umgebung verursachte Verdunstung, und nicht durch die eigene Energie des Baumes, auf Basis seiner Nahrung, verursacht, denn der Baum hat kein zu nährendes Herz, welches das Wasser pumpen könnte!

Kritiker dieser Theorie behaupten, dass bereits bei geringeren Baumhöhen die durchgehenden Wasserfäden in den Kapillaren abreißen könnten, wodurch Kavitation entstehen und die Sogwirkung nicht mehr funktionieren kann.

Nachgewiesen wurde jedoch, dass im Frühjahr Glukose in den Speicherzellen mobilisiert wird und durch den aufgebauten osmotischen Druck Wasser aus den Wurzeln nachfließt. Der Baum nimmt dazu die im Bodenwasser gelösten Nährsalze (hauptsächlich Kalium, Calcium, Magnesium, Eisen) auf.

Der in der Krone entstandene Stoffwechsel erfordert jetzt aber Energie. Die assimilierten organischen und nicht organischen Stoffe – auf Basis der Glukose und der Nährsalze – werden dann über den Bast stammabwärts transportiert und bringen das Dickenwachstum in Gang.

Ein hoher Baum war ein Extrembeispiel für solche Prozesse, die in jeder anderen Pflanze ähnlich verlaufen.

Es gibt eine gewisse Ähnlichkeit zwischen dem osmotischen Strömungssystem in Pflanzen und dem lymphatischen System in menschlichen Organismus, welches auch keine Pumpe hat. Das Herz in der Blutbahn des menschlichen Körpers ist dagegen eine Pumpe, die mechanische Arbeit erfordert.

These 8:   Wesen der Fauna brauchen Energie aus Nahrung für das eigene Wachstum, für den Wärmeaustausch mit der Umgebung zwecks Erhalts der eigenen Temperatur, für die Funktion der inneren Organe und für Krafteinsätze nach außen, während vielfältiger Bewegungen.

Wesen der Flora brauchen Energie aus Nahrung hauptsächlich für das eigene Wachstum.

5

Flora und Fauna haben entgegengesetzte Kohlendioxidkreisläufe

Der Mensch kann sich nicht direkt mit der Energie der Sonnenstrahlung ernähren, die Tiere auch nicht. Die ganze Fauna benötigt zunächst Masse, Masse von Nährstoffen die Kohlenstoffatome enthalten und Masse von Luft, die Sauerstoffatome enthält. Durch verbrennungsähnliche chemische Prozesse wird die potentielle Energie der Nahrungsbestandteile in Wärme und/oder Arbeit im Körper und nach außen umgesetzt. Die eingenommene Masse entfacht also im Körper Energie (Wärme und Arbeit).

Die Pflanzen – Bäume, Sträucher, Blumen, Kulturen – ernähren sich direkt mit der Energie der Sonnenstrahlung. Die ganze Flora benötigt zunächst Energie, Energie von der Sonne, um dann aus Kohlendioxid und Wasser aus der Atmosphäre ihre Nahrung, als Glukose, also als Masse zu bilden. Diese Nahrung ist die Basis für Zellprozesse, die Energie im Baum oder Strauch generieren.

© Der/die Autor(en), exklusiv lizenziert durch
Springer-Verlag GmbH, DE, ein Teil von Springer Nature 2021
C. Stan, *Energie versus Kohlendioxid*,
https://doi.org/10.1007/978-3-662-62706-8_5

Der Kohlendioxidkreislauf in der Fauna:

Kohlenstoffhaltige Moleküle (Kohlenwasserstoffe C_mH_n, Glukose $C_6H_{12}O_6$, Alkohole wie Ethanol C_2H_5-OH) reagieren mit Sauerstoff O_2 aus der Luft der Umgebung zu Molekülen von Kohlendioxid CO_2 und Molekülen von Wasser H_2O.

Der Kohlendioxidkreislauf in der Flora:

Kohlendioxidmoleküle CO_2 aus der Umgebung reagieren mit Wassermolekülen H_2O aus der Umgebung zu Molekülen von Glukose $C_6H_{12}O_6$ und Molekülen von Sauerstoff O_2.

These 9: Die Anfangs- und Endprodukte der Reaktionen in Flora und Fauna erscheinen als direkt untereinander ausgetauscht. Die gegensätzlichen Kreisläufe in der Flora und in der Fauna halten das Gleichgewicht des Erdklimas auf einem natürlichen Treibhauseffekt. Flora und Fauna ernähren sich gegenseitig: Kohlendioxid von der Fauna für die Flora, Kohlenwasserstoffe und Sauerstoff von der Flora für die Fauna.

Das natürliche Gleichgewicht des Kohlendioxids in der Erdatmosphäre wäre damit gegeben, wenn der Mensch nicht mehr Energie verlangen würde als nur für die Erhaltung seines Wesens. Er verbraucht allerdings noch viel Energie in Form von Arbeit für die Maschinen, für Haus, Kleidung, Mobilitätsmittel und noch mehr Energie in Form von Wärme für die Öfen, die für ihn etwas tun: Stahl kochen, Essen kochen, Warmhalten seines Hauses. Dadurch akkumuliert sich in der Atmosphäre mehr Kohlendioxid als in dem natürlichen Gleichgewicht vorhanden.

Von den Landoberflächen der Erde und von den Meeren und Ozeanen werden jährlich rund 750 Milliarden Tonnen Kohlendioxid in die Atmosphäre emittiert und etwas mehr als die gleiche Menge wieder aufgenommen: Von Land und Vegetation gingen jährlich, in der Zeitspanne 2000-2009, rund 436 Milliarden Tonnen aus, sie nahmen wieder, infolge der Photosynthese 451 Milliarden Tonnen auf. Die Ozeane gaben 288 Milliarden Tonnen ab (Atmung der Meerestiere, Verwesung von Wassertieren und -pflanzen), und nahmen 294 Milliarden Tonnen wieder auf. Dazu pustete die Industrie, durch Verbrennung fossiler Brennstoffe noch 36,6 Milliarden Tonnen (2018) in die Umgebung, ohne selbst etwas wieder zurück zu nehmen [3]. Der Austauschprozess ist sehr dynamisch, in manchen Regionen der Erde wird Kohlendioxid von der Umgebung aufgenommen, in anderen abgegeben.

Die Ozeane nehmen, wie aus der Bilanz erkennbar, viel von der zusätzlichen Atmosphärenlast ab.

Dennoch bleibt die Hälfte der vom Menschen außerhalb seines Körpers produzierten Kohlendioxidemission in der Atmosphäre.

Die Zunahme der Kohlendioxidkonzentration führt allerdings zur Versauerung des Meerwassers!

Von der Vegetation auf der Erde wird auch ein erheblicher Teil der von Menschen verursachten zusätzlichen Kohlendioxidemission aufgenommen. Der beste Beweis dafür ist die Tatsache, dass unser Planet seit 1980 immer grüner wird, wie Satellitenbilder zeigen: Die Zunahme der Vegetation beträgt 2,3% pro Jahrzehnt. Eine in Nature Climate Change vor kurzem veröffentlichte Studie [4] betrachtet dafür die Zunahme der Kohlendioxidemission in der Atmosphäre als Ursache: So lange das Wasser, die Sonnenstrahlung und die Mineralien in der Erde ausreichend vorhanden sind, ist die Zunahme der Photosynthese-Vorgänge bei Zunahme der Kohlendioxidanteils in der Luft erklärbar. Es gab aber auch eine andere Ursache der Zunahme der Vegetation: China und Indien, die Länder mit den meisten Einwohnern der Welt, haben seit dem Jahr 2000 so viel Pflanzen und Bäume pflanzen lassen, dass dadurch ein Drittel dieser Zunahme der Vegetation verursacht wurde.

Der Zusammenhang zwischen Zunahme der Kohlendioxidemission in der Atmosphäre und der Zunahme der Vegetation auf der Erde ist ungeachtet dieser menschlichen Eingriffe sehr deutlich: Wissenschaftler der Boston University haben dafür kürzlich entsprechende Daten ausgewertet, die mit dem NASA Spectroradiometer täglich, über alle Weltregionen zwischen den Jahren 2000 und 2017 aufgenommen wurden [4].

Ungeachtet dessen, dass der Zuwachs der Vegetation auf der Erde infolge des gestiegenen Kohlendioxidanteils in der Atmosphäre durch solche Studien klar nachgewiesen wurde, ist eine Differenzierung sehr zu empfehlen: Pflanze ist nicht gleich Pflanze, Baum ist nicht gleich Baum! Mais und Hirse können eine solche Kohlendioxidzunahme nicht verarbeiten, sie wachsen dadurch nicht schneller. Soja und Weizen wachsen, im Gegenteil, schneller, wobei aber der Weizen weniger Eiweiß enthält. In tropischen Wäldern wachsen durch die Zunahme des Kohlendioxidanteils in der Atmosphäre die Lianen viel schneller als andere Pflanzen. Sie verdrängen dabei jedoch die übrige Vegetation, insbesondere die Bäume, die große Kohlendioxidspeicher sind.

Im Durchschnitt nimmt ein Baum 10 Kilogramm Kohlendioxid pro Jahr auf, in den Tropen ist diese Aufnahme um ein Vielfaches höher. Zehn Kilogramm im Vergleich mit den erwähnten Gigatonnen, das scheint nicht viel zu sein. Wir haben aber auf der Erde 3.000 Milliarden Bäume, wie die Wissenschaftler der Yale Universität im Jahre 2015 gezählt haben [5]. Die Menschen haben aber bis zu dem Zeitpunkt 46% der Bäume schon abgeholzt, und sie tun es munter weiter – 15 Milliarden Bäume pro Jahr! Mit 1.000 Milliarden neu gepflanzten Bäume würden wir aber ein Viertel der CO_2- Emissionen speichern können.

Die Betrachtung der großen Bäume als größte Kohlendioxidspeicher ist jedoch etwas engstirnig: Wenn ein Baum stirbt oder brennt, was in Brasilien oder in Kanada so oft passiert, gibt er alles wieder auf, was er gespeichert hat.

Im Gegensatz dazu erscheinen schnellwachsende Pflanzen, wie die vorhin genannten Lianen, oder Zuckerrohr, als sehr effizient in einem erweiterten Kreislauf: Aus solchen Pflanzen kann man effizient und preiswert Methanol und Ethanol herstellen, und damit Energie in Form von Wärme oder Arbeit durch Verbrennung generieren. Das dabei emittierte Kohlendioxid wird dann in kurzer Zeit, von der nächsten wachsenden Pflanze der gleichen Art aufgenommen.

These 10: Um den durch Verbrennungsprozesse wachsenden Kohlendioxidanteil in der Erdatmosphäre zu senken, braucht die Erde sowohl viele neue, langsam wachsende Bäume, als auch viele neue, schnell wachsende Pflanzen!

6

Das Kohlendioxid, der Treibhauseffekt und die Erwärmung der Erdatmosphäre

Etwa 700.000 Jahre vor Christus verstand der Homo erectus, wie er selbst ein Feuer entzünden kann, nach dem er nur Flammen nutze, die durch Blitzeinschläge in Bäumen und Gräsern entstanden. Das Feuer gab dem Homo erectus zunächst Licht, Wärme und Schutz vor wilden Tieren, erste Komfortelemente, worauf er dann nie wieder verzichtete.

600.000 Jahre später verstand er damit auch das Fleisch in dafür gebauten, kreisförmigen Feuerstellen aus Stein zu kochen, so entstand nach dem Komfort auch der für Menschen unverzichtbare Genuss. Verbrannt wurde Holz, später Öl oder Fett, also alles, in Bezug auf das Kohlendioxid recyclebare Energieträger. Verkohltes Holz gehörte zur gleichen Kategorie. Der Abbau von Braun- und Steinkohle, als fossile Energieträger, welche Kohlendioxidausstoß verursachen aber keines in weniger als Millionen von Jahren wieder aufnehmen, begann viel später, nach mehreren Historikern, im XII. Jahrhundert nach Christi.

© Der/die Autor(en), exklusiv lizenziert durch
Springer-Verlag GmbH, DE, ein Teil von Springer Nature 2021
C. Stan, *Energie versus Kohlendioxid*,
https://doi.org/10.1007/978-3-662-62706-8_6

In der Antike wurde nach der Nutzung der Verbrennung von Kohle und Kohlenwasserstoffen zur Erzeugung von Wärme auch eine weitere Umwandlungsform entdeckt, welche unsere Welt veränderte: die Arbeit, die mechanische Arbeit, die dem Menschen für seine Tätigkeiten und für seine Mobilität dient. Die erste Dampfmaschine der Menschheit erfand der griechische Mathematiker Heron von Alexandria um das Jahr 60 nach Christus. Sein Heronsball ist die erste Wärmekraftmaschine die schriftlich überliefert wurde [6]: Eine offene Flamme erhitzte das Wasser in einem Kessel, der erzeugte Wasserdampf füllte eine Kugel, die mit zwei tangential angebrachten, offenen Düsen versehen war. Der durch die Düsen austretende Dampf erzeugte jeweils eine Reaktionskraft, wodurch die Kugel zur Rotation kam. So entstand das Drehmoment, welches damals nicht praktisch genutzt wurde.

These 11: Die Energieerzeugung mittels Feuer durch Menschen, die als Licht und als Wärme für Körper und Nahrungszubereitung genutzt wurde, beziehungsweise als Arbeit zunächst nur festgestellt, hat zu keiner Zeit eine Beeinflussung der Erdatmosphäre verursacht.

Aber irgendwann brauchten die Menschen nach Licht, Wärme und gekochtem Essen durch Feuer auch Maschinen, die für sie auf der gleichen Feuerbasis arbeiten sollten.

Der Engländer Thomas Newcomen entwickelte im Jahre 1712 die erste arbeitsfähige Dampfmaschine, die im Steinkohlebergbau zur Wasserhaltung eingesetzt wurde. Im Jahr 1764 erschien in England die „Spinning Jenny" – die erste industrielle Spinnmaschine.

Fünf Jahre später bekam der schottische Erfinder James Watt ein Patent auf eine verbesserte Dampfmaschine, die nur ein Drittel der Kohle im Vergleich mit den Vorgängermodellen verbrauchte. Dadurch begann nicht nur die Ära der Arbeitserzeugung aus Feuer, sondern auch die Nutzung der Kohle für Feuer im Großmaßstab.

Nach dem Patent von Watt erschienen die ersten Dampfschiffe, Lokomotiven, Erntemaschinen und Automobile mit Dampfmaschinenantrieb, später sogar ein Luftschiff mit einer solchen Wärmekraftmaschine.

So begann in England die Industrialisierung, nach so vielen von Menschen gemachten Revolutionen, eine Revolution durch Maschinen, welche die Welt in jeder Hinsicht veränderte.

Seit Beginn der Industrialisierung in England, wofür das Jahr 1770 als historischer Zeitpunkt gilt, bis dato, hat sich die Erdatmosphäre um nahezu $1\,^{\circ}C$ erwärmt [7]. Gleichzeitig stieg die Konzentration des Kohlendioxids in der Erdatmosphäre von *280 ppm* (parts per Million - Anteile CO_2 je eine Million Anteile Luft) auf nunmehr *415 ppm* (04/2020 Mauna Loa Observatory, Hawaii). Der Beitrag des Kohlendioxids an der Erwärmung der Erdatmosphäre wird allerdings sehr kontrovers bewertet. Die Klimaforscher des IPCC (Intergovernmental Panel for Climate Change) betrachten den anthropogenen Konzentrationsanstieg als verantwortlich für den Temperaturanstieg mindestens während der letzten 5-6 Jahrzehnte. Andere Wissenschaftler sehen jedoch die geänderte Intensität der Sonnenstrahlung als Ursache des Temperaturanstiegs und bezweifeln den anthropogenen Treibhauseffekt.

Und wieder andere Spezialisten machen dafür die veränderte Laufbahn der Erde oder/und die geänderte Position der Erdachse verantwortlich. Die Bahn der Erde um die Sonne verändert sich in Zyklen, die bis zu 100.000 Jahre dauern können, was bereits extreme Klimaerwärmungen verursacht hat. Am Ende der letzten Eiszeit stieg die Kohlendioxidkonzentration um 40%, was eine Erwärmung der Erdatmosphäre um 3,5 °C verursachte. Der Kohlendioxidgehalt in der Luft wurde durch Eisborkerne in der Antarktis nachvollzogen [8]. Vor 18.000 Jahren stieg sowohl die Kohlendioxidkonzentration als auch die Atmosphärentemperatur an, dreitausend Jahre später gingen beide zurück, um in den nächsten 2.000 Jahren wieder deutlich zu steigen. Die Frage ist für viele Wissenschaftler, was die Ursache und was die Wirkung ist: Zuerst Erwärmung, dadurch Kohlendioxidanstieg oder umgekehrt?

Eine Theorie besagt, dass eine Veränderung der Umlaufbahn der Erde um die Sonne das Tauwetter auslöste [9]. Die Nordhalbkugel wurde dadurch von der Sonne mehr erwärmt, das Eis schmolz, der massive Süßwasserzufluss habe die Strömungszirkulation in den Ozeanen verändert. Dadurch wiederum hätten sich die südlichen Polarregionen erwärmt und die Freisetzung von Kohlendioxid aus dem Boden verursacht. Das hätte die Atmosphärenerwarmung im Gang gebracht. Am Ende also doch: Mehr Kohlendioxid bedeutet Temperaturanstieg!

Andere Studien gehen in die gleiche Richtung bei der Darstellung der starken Erderwärmung vor 55 Millionen Jahren, es war wieder die Änderung im Erdorbit [5]. Und wieder andere Fachleute meinen, dass im Permafrost und im Meeresboden Methan gespeichert ist, welches durch die anthropogen verursachte Erwärmung der Erde freigesetzt wird und den Prozess beschleunigt.

Die vorausgesagte Erwärmung der Erdatmosphäre um *5,7 °C* seit Beginn der Industrialisierung (worst case) bis zum Ende dieses Jahrhunderts – bei dem jetzigen Emissionstempo – [10], [11] zwingt jedoch zu einer konsequenten Betrachtung des Einflusses der anthropogenen Kohlendioxidemission auf diese Klimaveränderung. In diesem Kontext ist das Vorhaben der Staatengemeinschaft, bis zum Jahr 2050 eine maximale Erwärmung der Erdatmosphäre unter *2 °C* durch die drastische Senkung der Kohlendioxidemission zu erzwingen, von existenzieller Bedeutung.

Das Erdklima wird durch komplexe Regelmechanismen bestimmt, die untereinander stark gekoppelt sind. Daran sind hauptsächlich die Biosphäre, die Ozeane sowie die Kryosphäre (die Eismassen) beteiligt. Die Haupteinflüsse auf die Temperatur der Atmosphäre können unabhängig von der Komplexität der gesamten Vorgänge aus einer grundsätzlichen Bilanz abgeleitet werden. Die durchschnittliche Temperatur der Erdatmosphäre von ca. *15 °C* wird maßgeblich von Spurengasen – Moleküle mit zwei unsymmetrischen Atomen und mit mehr als drei Atomen – bestimmt.

Berechnungen ergeben, dass ohne den natürlichen Treibhauseffekt, den diese Gase hervorrufen, die durchschnittliche Temperatur der Erdatmosphäre um *33 °C* (bzw. *33 K*elvin), also auf *-18 °C* sinken würde. Der natürliche Treibhauseffekt kann in einer vereinfachten Form für die Übersichtlichkeit über mögliche Einflüsse auf Basis der Darstellungen im Bild 3 erklärt werden.

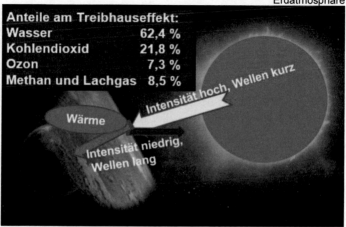

Anteile am Treibhauseffekt:
Wasser 62,4 %
Kohlendioxid 21,8 %
Ozon 7,3 %
Methan und Lachgas 8,5 %

Bild 3 *Treibhauseffekt – natürliches Gleichgewicht*

Die Sonnenstrahlung wird zum größten Teil in den
Wellenlängenbereich einer Wärmestrahlung, 0,35 bis
10 Mikrometer emittiert. Innerhalb dieses Bereiches
liegt übrigens auch die Lichtstrahlung, bei 0,35 bis
0,75 Mikrometern. Die atmosphärischen Gase mit Molekülen aus einem oder zwei symmetrischen Atomen
zeichnen sich durch eine weitgehende Durchlässigkeit
für alle Wellenlängenbereiche einer elektromagnetischen Strahlung aus, Gase mit Molekülen aus zwei un-
symmetrisch gelegenen Atomen beziehungsweise mit
mehr als drei Atomen reagieren dagegen selektiv auf
elektromagnetische Strahlungen, sie schwingen also
nur auf einer bestimmten Wellenlänge.

Die hohe Intensität der Sonnenstrahlung (Watt je Kubikmeter) zur Erde erfolgt grundsätzlich auf Wellenlängen im sichtbaren Bereich (0,35 bis 0,75 Mikrometer) entsprechend der Darstellung im Bild 4, mit
geringen Anteilen im Ultraviolett- und Röntgenbereich. Die Strahlungsintensität auf einer jeweiligen

Wellenlänge führt zu einer Wärmestromdichte (Watt pro Quadratmeter Fläche), die dann als Wärmestrom (Watt) die Atmosphäre und weiterhin die Körper auf der Erde über ihre Flächen (Quadratmeter) durchdringt. Die Wirkung des Wärmestroms über eine Zeit, zum Beispiel eine Stunde, ist dann Wärme (Watt-Stunde oder Kilowatt-Stunde).

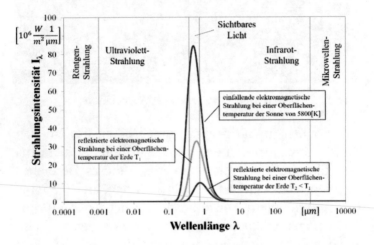

Bild 4 *Strahlungsspektrum einfallender und reflektierender elektromagnetischer Strahlung*

Die anteilmäßige Übertragung der Strahlungsenergie als Wärme auf die Körper in der Erdatmosphäre wird von diesen als innere Energie gespeichert. Das bewirkt eine Senkung der Intensität und gleichzeitig die Zunahme der Wellenlänge der eingetroffenen Sonnenstrahlung.

These 12: Nach Auftreffen eines von Sonnenstrahlen verursachten Wärmestromes auf Körper, Böden, Pflanzen und Gewässer auf der Erde ändert sich die Wellenlänge der durch die Atmosphäre durchdrungenen Sonnenstrahlung vom sichtbaren Bereich zum Infrarotbereich hin.

Nach der Wärmeübergabe auf Körper, Böden, Pflanzen und Gewässer reflektiert die Sonnenstrahlung von der Erde, allgemein als spiegelnde Reflexion, wobei Einfall- und Ausfallwinkel gleich sind, zum Teil aber auch als diffuse Reflexion auf Oberflächen.

Die spiegelnde Reflexion mit durch Wärmeabgabe geminderter Intensität und veränderter Wellenlänge wird durch ein- und zweiatomige Gase in der Luft ungehindert durch die Atmosphäre in die Höhe durchgelassen. Das geschieht jedoch nicht durch Gase, die zwei unsymmetrische Atome oder mehr als drei Atome haben: diese Gase drängen einen erheblichen Teil der Strahlung zurück in die Erdatmosphäre.

Dadurch entsteht erneut ein Wärmestrom, die Intensität und Wellenlänge der zurückgeschickten Strahlung werden erneut verändert. Die innere Energie und somit die Temperatur der Erdatmosphäre beziehungsweise der von ihr umgebenen Körper nimmt dadurch bis zu einem energetischen Gleichgewicht zwischen reflektierter und absorbierter Strahlung zu.

Dieser natürliche Treibhauseffekt in der Erdatmosphäre wird hauptsächlich von Wasserdampf, Kohlendioxid, Ozon, Methan und Lachgas hervorgerufen. Das Kohlendioxid stellt dabei den zweitwichtigsten Anteil dar.

Bei jeder Energieumsetzung durch vollständige Verbrennung eines kohlenstoffhaltigen Energieträgers entsteht Kohlendioxid. Durch Verbrennung fossiler Energieträger übersteigt die Kohlendioxidemission 36,6 Milliarden Tonnen pro Jahr (2018). Von Landoberflächen der Erde und von den Meeren werden jährlich, wie bereits erwähnt, rund 750 Milliarden Tonnen Kohlendioxid in die Atmosphäre emittiert. Davon wird jedoch etwas mehr als die gleiche Menge infolge der Photosynthese wieder aufgenommen [3].

36,6 zu 750 machen 4,8% anthropogene in Bezug auf die natürliche Emission. Die 4,8% sind über die Jahre kumulativ, die natürliche Emission wird jährlich recycelt.

Die meisten Klimaforscher prognostizieren auf Basis dieser kumulativen Beteiligung des Kohlendioxids am Treibhauseffekt die erwähnte Zunahme der mittleren Temperatur der Atmosphäre um *5,8 °C* bis zum Jahr 2100. Die Prognosen auf kürzere Dauer bestätigen diese Tendenz mit einer Steigerung von *2 bis 3 °C*. In den vergangenen 50 Jahren hat sich übrigens die Wintertemperatur in Europa um *2,7 °C* erhöht, eine Tatsache, die solche Voraussagen unterstützt.

Die Kritiker dieses Szenarios betrachten, wie erwähnt, andere natürliche Faktoren, wie die variable Intensität der Sonnenstrahlung oder die Aktivität der Vulkane als maßgebend für die globale Erderwärmung der letzten 150 Jahre.

Durch Vulkaneruptionen, Vulkanspalten und heiße Quellen der Erde [12], [13] gibt es Kohlendioxidemissionen zwischen 65 und 319 Millionen Tonnen CO_2 pro Jahr. Gegenüber 33,6 Milliarden Tonnen aus

Verbrennung fossiler Brennstoffe macht das maximal 1% aus.

Das von anderen Kritikern aufgebaute Modell des Kohlendioxidkreislaufes in Atmosphäre, Biosphäre und Hydrosphäre, der Eigenschaften der CO_2-Strahlungsabsorption und die zu Grunde gelegte CO_2-Lebensdauer wird von der Mehrheit der Spezialisten als nicht überzeugend betrachtet.

Die erwähnte selektive Absorption und Emission der Gase, auf einer bestimmten Wellenlänge, wird von manchen Forschern dafür herangezogen, um eine Theorie zu konstruieren, deren Schlussfolgerung ist, dass die gesamte Wärmestrahlung der Erdoberfläche durch ein atmosphärisches Fenster von 7,5 bis 14,5 Mikrometer direkt in den Himmel verschwindet! Die dafür gewählte Basis ist die selektive Wellenlänge für Kohlendioxid von 15 Mikrometern bei minus 58°C, also weit, in zehn Kilometern Höhe. Auf allen anderen Wellenlängen soll das Kohlendioxid gar nicht reagieren. Das mag in einem Laborexperiment, in dem nur das Verhalten des Kohlendioxids analysiert wird, eine interessante Aussage sein. Das Erdklima wird aber nun mal von viel komplexeren Regelmechanismen bestimmt, die untereinander stark gekoppelt sind und im Labor kaum nachgeahmt werden können. Die Biosphäre, die Ozeane sowie die Kryosphäre haben einen direkten Einfluss auf den örtlichen und zeitlichen Zustand der Kohlendioxidmoleküle in der Atmosphäre. Allein das Beispiel, dass Kohlendioxidteilchen in der Atmosphäre in Wassertropfen eingeschlossen sein können, wie in unserem Mineralwasser, oder auch in Eistropfen oder in einer Methangashülle, soll solchen Forschern etwas mehr zu denken geben.

Bedenkenträger wird es immer und in jeder Beziehung geben - die explosiv wachsende anthropogene Kohlendioxidemission in der Erdatmosphäre ist davon unabhängig eindeutig nachgewiesen, der bedrohliche Temperaturzuwachs eindeutig gemessen, der physikalische Zusammenhang der beiden ist wissenschaftlich fundiert. Worauf warten wir noch?

These 13: Die drastische Senkung der anthropogenen Kohlendioxidemission in der Erdatmosphäre zu erzwingen ist von lebenswichtiger Bedeutung.

Was bedeutet Lebenswichtig? Gab es möglicherweise Leben auf unserem „Zwillingsplaneten" Venus, welcher fast den gleichen Durchmesser (95%), fast das gleiche Gewicht (81%) wie die Erde und gar eine Atmosphäre hat? Aber was für eine Atmosphäre: Das Kohlendioxid ist nicht im Millionstel Bereich vertreten, sondern mit stolzen 96% des Volumens. Stickstoff haben wir in der Erdatmosphäre zu 78%, auf der Venus sind es nur 3,5%. Sauerstoff? In der Erdatmosphäre 20%, auf der Venus gar nicht, dafür aber 0,5% Schwefeldioxid, etwas, was wir in der Luft der Erde gar nicht mögen. Was bedeutet eine vom Kohlendioxid beherrschte Atmosphäre, wie auf der Venus? Sie ist erstmal sehr dicht, wie eine Flüssigkeit. Im Zusammenhang mit der absorbierten Sonnenstrahlung beträgt der Druck am Boden des Planeten nicht 1 bar, wie auf der Erde, sondern 92 bar, wie in einem Benzinmotor nach der Zündung. Die Temperatur erreicht am Boden 460°C, das Benzin würde dort gleich im Tank selbst zünden.

Alles nicht geeignet für die Lebewesen die wir auf der Erde kennen.

Literatur zu Teil I

[1] Stan, C.: Thermodynamik für Maschinen- und Fahrzeugbau, Springer Vieweg, 2020, ISBN 978-3-662-61789-2

[2] Stan, C.: Alternative Antriebe für Automobile, 5. Auflage, Springer Vieweg, 2020, ISBN 978-3-662-61757-1

[3] *** IPPC – The Intergovernmental Panel for Climate Change, 2013, AR5, Kap.6

[4] Zhu, Z.; Myneni, R. et al.: Greening of the Earth and its drivers, Nclimate 3004, DOI 10 1038, 25.04.2016

[5] Crowther, T.W.; Glick, H.B.; Bradford, M.A.: Mapping tree density at global scale, Nature 525, 02.09.2015

[6] Heron von Alexandria: Pneumatika, Biblioteca Nazionale Marciana, Venedig, Gr. 516

[7] Allen et al.: Summary for Policymakers in Global Warming IPPC 2018, page 6,

[8] Shakun, J. et al.: Climate sensitivity estimate from temperature reconstructions of the Last Glacial Maximum, Science Journal, Volume 334, Issue 6061, 2011

[9]   De Conto, R. et al.: Interhemispheric effect of global geography on Earth's climate response to orbital forcing, Climate of the Past 15, 2019

[10]   *** Sachstandbericht IPPC, Szenario RCP 8.5

[11]   Zelinka, M. et al.: Causes of higher climate sensitivity in CMIP models, Geophysical Research Letters, 2020.

[12]   Moerner, N.A.; Etiope, G.: Carbon degassing from the lithosphere, Global and Planetary Change, Volume 33, Issues 1-2, 2002

[13]   Kerrick, D. et al.: Convective hydrothermal CO_2 emission from high heat flow regions, Chemical Geology, Volume 121, Issues 1-4, 1995

Teil II

Verursacher der anthropogenen
Kohlendioxidemission

7

Autos mit Verbrennungsmotoren ade, Flugzeuge nicht?

Great, Boris! After Brexit, Flamexit! Nach 2035 Exit
für die Automobile mit Verbrennungsmotoren von den
Straßen des Vereinigten Königreiches von Großbritannien und Nordirland. Keine Benzinmotoren mehr,
keine Dieselmotoren mehr, nicht einmal Hybridan-
triebe wie in dem bewährten Toyota Prius oder Plug-
Ins wie in dem neuesten Mercedes. Boris Johnson hatte
sich aber doch selbst, als Bürgermeister von London,
vor gar nicht so langer Zeit, für einen großen Hybrid
mächtig eingesetzt: Im Jahr 2012 erschien auf den
Straßen von London der englisch-rote Doppelstock-
Stadtbus mit hybridem Antrieb, gebildet von einem
deutschen Elektromotor und einem englischen Dieselmotor, den die Londoner so liebevoll Borismaster
nannten! Boris bestellte zunächst 600 Exemplare davon, und dann noch mehr. Bis Ende 2016 waren es
über 1000. Boris selbst fährt als Premierminister den
neusten Jaguar XJ, nicht mit Hybridantrieb, sondern
mit einem sehr kraftvollen Twinturbo-Dieselmotor.

Solche Autos, wie der Rolls-Royce Phantom der Kö-
nigin Elisabeth II. mit dem Zwölf-Zylinder-Motor mit
6,7 Liter Hubraum und 563 PS Leistung werden dann

in dem Vereinigten Königreich nicht mehr gebaut und nicht mehr zugelassen. Keine Bange, die Chinesen werden ihre Replikas für alle Oligarchen dieser Welt bauen. Sie haben selbstverständlich einen immensen Kraftstoffverbrauch und dementsprechend eine gigantische Kohlendioxidemission. Was interessiert das aber die Oligarchen? Im Gegenteil, Überfluss ist chic, nicht nur Überfluss an Verbrauch jeder Art, auch Überfluss an Emissionen, manche mächtige Menschen, wie manche mächtigen Staaten wollen doch zeigen, dass sie sich das leisten können.

These 14: Rolls-Royce, Jaguar, Land Rover McLaren, die verbrennungs-motorisierten Juwelen des britischen Imperiums, werden verbannt. Die Chinesen werden sich sehr freuen, ihre Replikas bauen und in der ganzen Welt verkaufen zu dürfen!

Boris wird sich mit den von den USA und Korea importierten elektrisch angetriebenen Tesla und Hyundai trösten. Und Ihre Königlichen Hoheiten? Die 563 Pferdestärken des Rolls-Royce können doch leicht ersetzt werden, sie haben die Ställe voller Rassepferde, Batterien sind nur für das Volk. Automobile mit Elektromotorantrieb und Batterie fahren ohnehin keine Staats- und Regierungschefs dieser Welt – noch.

Das Problem liegt aber ganz wo anders, Boris? Deine zerzauste Mähne auf den Fotos vor 10 Downing Street ist wohl dadurch erklärbar, dass direkt darüber dauernd Flugzeuge starten. Flugzeuge, die niemand auf elektrischen Antrieb umstellen wird. In Dubai wird neuerdings mit Taxi-Drohnen mit Elektroantrieb für 3-4 Passagieren experimentiert. Jedoch mit über 400 Passagieren im Tiefflug über London, beim Starten und beim Landen? Auf den ersten einhundert Kilometern nach dem Start saugt ein großes Flugzeug mehr als 20.000 Kilowattstunden von dem Treibstoff. Eine Batterie des Elektroautomobils Tesla S kann 100 Kilowattstunden bei 630 kg Gewicht speichern. Ein großes Passagierflugzeug mit Elektroantrieb bräuchte nur für den Start 200 Tesla-Batterien mit einem Gesamtgewicht von 126 Tonnen. Der bessere Wirkungsgrad auf der Elektrostrecke wird vom Batteriegewicht selbst annuliert – falls die Maschine überhaupt noch abheben würde.

Allein auf Heathrow, dem größten der sechs gigantischen Flughäfen von London, starten und landen 500.000 Flugzeuge pro Jahr. Eine Boeing 747 verbraucht beim Abheben bis zur Reisehöhe im Durchschnitt 50 Liter Treibstoff pro Passagier je 100 Kilometer – das sind bei Volllast insgesamt 2.500 Liter Treibstoff je 100 Kilometer. Das ist so viel, wie 360 Automobile mit Benzinmotor verbrauchten, wenn sie gleichzeitig am Flughafen vorbeifahren würden. Die Kohlendioxidemission ist, ob beim Flugzeug oder bei den Autos, direkt proportional mit ihrem Treibstoffverbrauch.

Zu einem solchen Vergleich gibt es auch Gegenargumente: Während des Flugs auf der Reisehöhe verbraucht ein modernes Passagierflugzeug wie Airbus oder Boeing durchschnittlich 3,5 Liter Kerosin pro Passagier je 100 Kilometer. Das ist genauso viel wie der Benzinverbrauch eines Autos mit Ottomotor mit zwei Personen an Bord, welches unter dem Flugzeug fahren würde. Bei dem Vergleich muss allerdings beachtet werden, dass das Kerosin, bei etwa gleichem

Heizwert wie Benzin, ein höheres Kohlenstoff/Wasserstoffverhältnis hat, was die Kohlendioxidemission geringfügig erhöht. Andererseits ergeben die Kohlendioxidemissionen der Motoren aller 23.600 Flugzeuge, die derzeit durch die Welt fliegen, nur 3% der anthropogenen Kohlendioxidemissionen weltweit.

Auf den ersten Blick erscheinen die 3%, als statistischer Wert, fast vernachlässigbar. Statistiken muss man jedoch in jeder Branche genau differenzieren und interpretieren: Nicht der Durchschnitt, sondern die inhomogene Emissionsverteilung über die Erde macht das Problem aus. Über Europa fliegen tagtäglich gleichzeitig *neunzehntausend* Flugzeuge, im Jahr 2035 werden es *vierzigtausend* sein! Über Afrika, Grönland, Kanada und Sibirien ist der Flugverkehr dagegen sehr moderat. Die immensen Konzentrationen von Kohlendioxid aus Flugzeugmotoren über benachbarten Metropolen wie London, Paris, Amsterdam und Frankfurt führen zu einer berechtigten Feststellung, zumal nach Großbritannien, zwischen 2030-2040 auch Holland, Norwegen, Dänemark, Irland, Frankreich und andere europäische Länder die Automobile mit Verbrennungsmotoren auf ihren Straßen verbieten wollen:

These 15: Die radikale Verbannung der Fahrzeuge mit Verbrennungsmotoren aus Europa und insbesondere aus seinen großen Metropolen nutzt niemandem, wenn größere Emissionen von Kohlendioxid und von Schadstoffen wie Stickoxide oder unverbrannte Kohlenwasserstoffe direkt über die Köpfe erzeugt werden.

Und außerdem: vom Verbieten der Lastwagen, Traktoren, Landmaschinen und Raupen mit Verbrennungsmotoren in Europa hat bislang niemand etwas gehört.

Wenn die Kohlendioxidemission eines einzigen Flugzeugs nach dem Abheben jener von 360 Automobilen entspricht, so ist die Gesamtemission von 19.000 Flugzeugen gleich der von 6,84 Millionen Automobilen, die gleichzeitig in London, Paris, Amsterdam und Frankfurt fahren würden!

Ersetzen wir also nur am Boden die Automobile mit Benzin- und Dieselmotoren und dazu noch die Hybride (Verbrennungsmotor plus Elektromotor) mit rein elektrischen Fahrzeugen?

Aber woher nimmst du den Strom für die vielen elektrischen Autos, Boris? Es ist schon bekannt, ein großer Teil des Stroms kommt von den Ländern deren Emissionen oder Gefahren bei der Stromerzeugung dich gar nicht interessieren: Holland, Frankreich und Irland. Der Strom, der dort auch für den Vereinigten Königreich erzeugt wird, kommt aus Erdöl, Erdgas Kohle und Atomkraftwerken. Die elektrische Energie, die im Königreich selbst produziert wird, kommt zu 39,5% aus Erdgas (mit der entsprechenden Kohlendioxidemission an dem Produktionsort), 19,5% aus Atomkraftwerken (mit den impliziten Gefahren), 10% aus Biomasse, 17,1% mittels Windenergie und 3,9% mittels photovoltaischer Anlagen. Die regenerativen Energiequellen sind also mit 31% in klarer Minderheit! Es gibt auch eine andere Lösung im Bezug auf die Autos:

These 16: Alle nicht-elektrischen Automobile aus großen europäischen Metropolen wie London, Paris, Amsterdam und Frankfurt sollen aufs Land verbannt werden, wo die Luft insgesamt weniger lokale Kohlendioxidkonzentration hat und wo sie mit Biogas aus den Landwirtschaften oder mit Alkohol aus den Maischeresten, die nach der Herstellung von Whisky, Gin und Bier verbleiben, betreibbar sind. Damit befände sich das Kohlendioxid in einem Kreislauf zwischen Natur und Maschine.

8

Elektrifizieren wir auch Kreuzfahrtschiffe und Tanker?

Und die Royal Navy, Boris? Wird die Kriegsmarine des Vereinigten Königreichs, die in Plymouth/Devenport und in Portsmouth mit einer gewaltigen Kraft über den Weltfrieden wacht auch auf Elektromotoren und Batterien umgestellt? Der Stolz des Königreiches, der Flugzeugträger Queen Elisabeth hat zwei Motoren, auch wieder von den vorhin genannten großen Flugzeugen – als modifizierte Varianten der Gasturbinen von Boeing 777. Jede der zwei Gasturbinen hat eine Leistung von 36.000 Kilowatt, das ergibt insgesamt 72.000 Kilowatt, oder 97.893 PS – soviel wie 1087 Automobile VW der neusten Serie Golf 8 mit Ein-Liter-Benzinmotoren.

Überall spricht man derzeit über die große Zukunft der Windkraft als Clean Energy, die maßgebend zur Rettung des Weltklimas beitragen soll! Warum nicht auch für die Kriegsflotte, Boris? Die Royal Navy nutzte Segelkriegsschiffe sogar in ihrer besten Zeit, um 1794. „HMS Abergavenny" mit seinen 90 Metern Länge, 1.182 Tonnen Gewicht, 324 Soldaten und 26 Kanonen war der Stolz aller Meere der Welt, von Indien bis Jamaika.

© Der/die Autor(en), exklusiv lizenziert durch
Springer-Verlag GmbH, DE, ein Teil von Springer Nature 2021
C. Stan, *Energie versus Kohlendioxid*,
https://doi.org/10.1007/978-3-662-62706-8_8

Während die Automobile mit Verbrennungsmotoren von den englischen Straßen verbannt werden sollen, geht es auf den Weltmeeren ziemlich dreckig zu. Es ist richtig, dass alle Schiffe der Welt genauso wenig Kohlendioxid wie alle Flugzeuge der Welt in die Luft pusten, und zwar jeweils 3% der anthropogenen Emissionen weltweit. Die Fahrzeuge aller Art, die sich auf festem Boden bewegen, haben mit 18%, zugegeben, einen wesentlich größeren Beitrag! Auch in diesem Fall muss allerdings betont werden, dass die Durchschnittswerte in der Statistik eine Perspektive bieten, die Konzentration des Kohlendioxidausstoßes auf bestimmte Routen eine andere. Der Ärmelkanal, gleich an den Toren Londons, ist ein sehr gutes Beispiel dafür. Wer eine Steigerung erleben möchte, sollte für drei Tage nach Hongkong fahren. Um Grönland herum ist es dafür ruhiger, das ist noch die Panik nach der Titanic.

Auf den Ozeanen und Meeren fahren derzeit etwa 100.000 große und kleinere Schiffe, darunter etwa 54.000 Güter- und Handelsschiffe (Tanker, Containerschiffe, Chemikalien-, Erz-, Kohle-, Flüssiggas-Transporter). Dazu gibt es 5.000 Passagierschiffe, 500 davon sind große Kreuzfahrtschiffe. Sehr, sehr viele all dieser Schiffe gehören englischen, amerikanischen, holländischen, russischen und chinesischen Reedern, sie fahren aber unter der Flagge von Liberia, der Bahamas oder Maltas. Dort sind eben die Steuern niedriger, die Arbeitsgesetze lockerer und die Schadstoffemissionsnormen werden dort etwas anders betrachtet.

Ein sehr großes Kreuzfahrtschiff, das aus den genannten Gründen unter der Flagge des sehr kleinen Staates Bahamas auf den Weltmeeren schwimmt, „Harmony of the Seas", kann 6780 Personen an Bord nehmen und verbraucht 150 Tonnen Kraftstoff pro Tag, soviel wie 75.000 Mittelklasseautomobile mit einem Verbrauch von jeweils 7 Litern Benzin je 100 Km, bei einer täglichen Fahrstrecke von 40 km, die dem weltweiten Durchschnitt entspricht. In Schiffsmotoren und in Automobilmotoren werden Kraftstoffe mit nahezu gleichen Anteilen von Kohlenstoff und Wasserstoff verbrannt, deswegen besteht zwischen der jeweiligen Kohlendioxidemission und dem Verbrauch praktisch das gleiche Verhältnis.

Fazit: Das Schiff „Harmony of the Seas" emittiert am Tag genauso viel Kohlendioxid wie 75.000 Automobile mit Benzinmotor! Oder mit einem anderen Beispiel:

Ein großes Kreuzfahrtschiff emittiert an einem Tag so viel Kohlendioxid wie alle in Hamburg zugelassenen Autos, wenn jedes davon am Tag 8 Kilometer fahren würde!

Schlimmer, viel schlimmer ist es mit dem Schadstoffausstoß: Ein großes Kreuzfahrschiff, wie das erwähnte, emittiert 450 Kilogramm Feinpartikel pro Tag. Das ist so viel, wie 21 Millionen (!!) VW-Dieselmotoren am Tag, ja, gerade die wegen der Stickoxide in Verruf geratenen Motoren! Sollten also die Kreuzfahrtschiffe verboten werden? Die Lage ist aber viel kritischer mit den großen Güter- und Handelsschiffen, die jeweils 300 Tonnen Treibstoff am Tag verbrauchen. Gerade auf solchen Schiffen kommen die Bananen zu den Mädchen und Jungs, die freitags die Schule schwänzen, um die Erwachsenen - Eltern, Politiker, Würdenträger – anzuschreien, dass sie ihnen eine bessere Welt, ohne Emissionen hinzaubern müssen.

Der Schiffstreibstoff sollte, wie in Automobilen mit Dieselmotoren, Dieselkraftstoff sein. Aber gerade hier beginnt der Betrug unter Flaggen von Liberia und Bahamas:

These 17: Der größte Dieselemissionenbetrug der Welt ist weder auf der Straße geschehen noch von Volkswagen getätigt worden – der geschieht ununterbrochen auf allen Meeren und Ozeanen der Welt, verursacht von der ganzen feinen Gesellschaft in den Industrieländern, die sich hinter falschen Flaggen versteckt.

Die Schiffe sind auch mit Dieselmotoren ausgerüstet, genau wie die Autos, nur größer, sie sollten also mit dem gleichen Kraftstoff funktionieren. Das Problem ist jedoch, dass auf den weiten Meeren andere Gesetzte gelten als in den zivilisierten Staaten und in ihren Küstengewässern: das sind die Urwaldgesetze.

Der Vergleich mit dem Dieselemissionsbetrug von Volkswagen ist bemerkenswert: Das VW Dieselauto machte auf der Straße was es wollte; sobald es aber in der kalifornischen Luft den Emissionstestprüfstand fühlte, stellte es die Weichen um: es wurde die Einspritzung von Kraftstoff und auch jene von AdBlue geändert, um die Stickoxidemission von der Straße nach unten zu korrigieren. Auf den Schiffen, in der Nähe eines Ufers verfährt man wie in der Nähe eines Emissionsprüfstands in Kalifornien – es wird aber nicht die Kraftstoffmenge korrigiert, sondern der ganze Kraftstoff! Vor dem Ufer gibt es den Dieselkraftstoff wie im Auto. Außerhalb, weit auf dem Meer, wird in die Motoren Schweröl eingespritzt. Das ist ein Rückstand Öl, der Rest nach der Destillation von Benzin und Dieselkraftstoff oder aus Crackanlagen der Erdölverarbeitung. Dabei handelt es sich, im Grunde genommen, um chemischen Abfall, der in Spezialdeponien gelagert werden müsste. Dagegen wird es als Schiffstreibstoff im großen Stil und unter pompösen Namen wie Marine Fuel Oil oder Bunker C verkauft. Der Vorteil ist der Preis, der weniger als ein Fünftel jenes vom Dieselkraftstoff ist. Bei einem Verbrauch von 300 Tonnen am Tag beträgt die Differenz etwa 63.000 Euro, tagtäglich! Das Schweröl ist, wie sein Name auch sagt, die schwerste Fraktion bei der in dem Erdölraffinerieverfahren, mit einer Dichte von 1 kg/Liter (Dieselkraftstoff: 0,82-0,85 kg/Liter). Die Dichte hat einen direkten Zusammenhang mit der Zähigkeit, diese Brühe ist eine Art flüssige Marmelade, die erst auf 40-50°C erwärmt sein muss, um durch das Einspritzsystem zu fließen. Die Einspritzdüsen selbst, mit ihren winzigen Einspritzlöchern werden sogar auf 150-180°C erhitzt. Wie die Tropfen aussehen, die hinaus zum Brennraum geschleudert werden und wie schlecht sie brennen ist offensichtlich. Obendrein enthält das Schweröl auch viel Schwefel. Das Ergebnis: Die Schiffe verursachen durch die Verbrennung von Schweröl außerhalb der Küstenbereiche der Meere 15% der weltweiten Stickoxidemissionen und 13% der weltweiten Schwefeldioxidemissionen.

In der Nähe der Küsten fast aller Länder der Welt ist die Verbrennung von Schweröl auf Schiffen, wie erwähnt, verboten. Die Motoren bekommen dort normalen Dieselkraftstoff von separaten Tanks. Der Trick mit den Stickoxidemissionen der Volkswagen Motoren wurde bestraft, der ähnliche Trick in Schiffsdieselmotoren wird seit je her toleriert, dem Export und dem

Import von Waren zuliebe. In diesem Jahr (2020) wurde wenigstens der Schwefeldioxidausstoß von den bisher lockeren 3,5% auf 0,5% gesenkt. Im Ärmelkanal, den täglich 400-500 Schiffe durchfahren, darf der in den Dieselmotoren eingespritzte Kraftstoff nicht einmal über 0,1% Schwefel enthalten.

Es gibt aber noch einen Aspekt im Zusammenhang mit Energie und Kohlendioxidausstoß auf den Meeren: Jedes der 500 großen Kreuzfahrtschiffe bleibt etwa 40% der Kreuzfahrtdauer in irgendeinem schönen Hafen vor Anker. Die 2000 bis 7000 Passagiere wollen doch so gerne Venedig, Monte Carlo, Marseille, Curacao, Neapel oder London sehen. Ein Kreuzfahrtschiff ist ein schwimmendes Hotel, was einen grundsätzlichen Vorteil hat: Zwischen Venedig und Monte Carlo braucht man keinen Mietwagen, keinen Bus, keinen Zug. Der ganz große Vorteil ist aber, dass die 20 Paar Schuhe und 30 Kleider der Ehefrau für die eine Reisewoche den umständlichen Weg in einem platzenden Koffer zwischen einem venezianischen und einem monegassischen Hotel nicht mitmachen müssen. Kein Einpacken, kein Auspacken, das Hotelzimmer schwimmt nachts samt Schrank und Ehefrau mit. Früh kann man den Sonnenaufgang in Monte Carlo vom Balkon der Kabine fotografieren, dann schnell raus, Stadttour, wieder fotografieren, schnell wieder zum Schiff wegen Mittagessen, weil es inklusive ist, in Monte Carlo sind die Restaurants teuer, dann wieder raus, wieder fotografieren, wieder zurück, schwimmen, Sauna, duschen, dann Abendessen mit vielen Gängen. Diese Geschichte hat einen direkten Zusammenhang mit dem gewaltigen Energieverbrauch des Schiffes während des Aufenthaltes im Hafen: Fünf Mahlzeiten pro Person und Tag in zehn Restaurants vorbereiten, ständig Eiscreme und Eis für Cocktails herstellen, warmen Kaffee, warmes Wasser im Schwimmbecken, Saunas heizen, große Gefrierschränke durchgehend kühlen. Das Schiff verbraucht für all diese Abnehmer elektrische Energie, sehr viel Energie, einige Dieselmotoren an Bord arbeiten pausenlos um die Stromgeneratoren anzutreiben. Der Treibstoff der Motoren ist im Hafen von Venedig oder Monte Carlo selbstverständlich Dieselkraftstoff wie im Auto, die Abgase der Motoren laufen, zumindest während des Aufenthaltes, über Katalysatoren und Partikelfilter. Aber eines bleibt: das Kohlendioxid, als Produkt einer immerhin vollständigen Verbrennung. Kohlendioxid ist kein Schadstoff, wie Stickoxid oder Schwefeldioxid, es ist etwas, was wir auch vom Sprudelwasser kennen. Die Emission ist allerdings gewaltig, sie kann auch nicht gestoppt werden, man kann den Motor nicht erwürgen. In der Luft der jeweiligen Stadt steigt dann die Kohlendioxidkonzentration erheblich. Vor Überlegungen über lokale Treibhauseffekte ist die Tatsache wichtiger, dass die erhöhte Kohlendioxidkonzentration eine verminderte Sauerstoffkonzentration in der Atemluft der Menschen verursacht.

Sauerstoffmangel schlägt bei den Menschen auf die Gesundheit, aber auch aufs Gemüt (die Tiere kann man leider nicht danach fragen). Luft, die viel Feuchtigkeit und Kohlendioxid enthält, wirkt auf den Menschen beklemmend und führt zu sehr unangenehmen Symptomen wie Kopfschmerzen, Übelkeit, Schwindel, beschleunigte tiefe Atmung, Ermüdung oder zu

Allergien. Für die Asthmatiker ist der Sauerstoffmangel ein ernstes Problem.

Viele Hafenstädte bieten den Schiffen Anschluss an Elektroenergiestationen am Ufer, um die Kohlendioxidemission zu vermeiden. Dieser Strom ist aber fast jedem Kapitän zu teuer.

Sollen die Verbrennungsmotoren auf Schiffen verboten werden, wie demnächst in den Automobilen in England? Kann man den dieselelektrischen Antrieb mit reinen Elektromotoren ersetzten? „The Harmony of the Seas", als Beispiel, hat eine Gesamtantriebsleistung von 131.883 PS, das sind 97.066 Kilowatt.

Um diese Leistung eine einzige Stunde auf See mit Strom aus Batterien entfalten zu können müsste die modernste Art der Lithium-Ionen-Batterie an Bord 800 Tonnen schwer sein, bei 10 Stunden Betrieb wären es 8.000 Tonnen. Man fährt, gewiss, nicht dauernd mit Volllast, die Dimensionen sprechen aber für sich.

Photovoltaische Paneele wären theoretisch auch eine Alternative, das Schiff bietet genug Fläche, die Sonne scheint oft und kräftig auf den Meeren. Um die vorhin genannte Gesamtleistung von 97.066 Kilowatt mit den derzeit modernsten Photovoltaik-Paneelen gewähren zu können, wäre auf dem Schiff eine Fläche von 97 Hektar erforderlich, das wären 136 Fußballstadien. Das als Beispiel betrachtete Schiff hat aber bei 362 Meter Länge und etwa 58 Meter Durchschnittsbreite nur eine Fläche von 0,2 Hektar, vorausgesetzt sie wäre nur für diese Paneele da.

Übersetzten wir das Ganze in die Dimension eines Autos mit einem Tausendstel der Schiffsleistung, also 97

Kilowatt (132 PS): Dann wäre die Lithium-Ionen-Batterie an Bord *bei Fahrt mit Volllast* 800 kg schwer, was der Realität im Automobilbau entspricht. Für Paneele gäbe es auf keiner Limousine so viel Platz: es wären 970 m^2, stolze UFO Abmessungen!

These 18: Der Zusammenhang zwischen der Leistung moderner photovoltaischen Paneele und ihrer Fläche zeigt, dass die Anwendung solcher Lösungen bei den Mobilitätsmitteln auf See, auf der Erde und in der Luft praktisch nicht möglich ist. Zwischen der Kapazität einer modernen Batterie und ihrem Gewicht besteht kein vorteilhaftes Verhältnis in Bezug auf solche Anwendungen.

Die wahren Energiefresser

These 19: Die Menschen sind zu unersättlichen Energiefressern geworden! Sie tun das im Namen der als solche von ihnen betrachteten Zivilisation. Die Asketen und die Notleidenden zählen, selbstverständlich, weder zu den Energiefressern, noch zu dieser Art von Zivilisation.

Vor etwa 700.000 Jahren verstand der Homo erectus wie er selbst ein Feuer entzünden kann, vor 100.000 Jahren verstand er dann, dass er mit diesem Feuer auch das bis dahin roh verzehrte Fleisch kochen kann. Er verbrannte dafür damals Holz, Öl und Fett, ab 900 vor Christi verbrannten die Menschen in China Erdgas, ab dem XII Jahrhundert in Belgien Braun- und Steinkohle, ab 1859 in Pennsylvania/USA, Erdöl. Die feuerernährenden Quellen wurden mit der Zeit nicht nur vielfältiger, sie erfuhren auch eine explosionsartige Verbreitung in der ganzen Welt. Das Feuer lieferte nicht nur Wärme, sondern zunehmend mechanische Arbeit für Homo-sapiens-Maschinen. Die besagten Energiequellen waren aber den Menschen auch nicht mehr genug: Im Jahre 1942 wurde unter einer stillgelegten Tribüne des Football-Stadions der Universität von Chicago, vom Nobelpreisträger (1938) Enrico

C. Stan, *Energie versus Kohlendioxid*,
https://doi.org/10.1007/978-3-662-62706-8_9

Fermi, der erste funktionsfähige Kernreaktor in Betrieb genommen. Der Energie-Kannibalismus nahm seinen Lauf. Kohlendioxidemission oder radioaktive Strahlung, wen ging das schon an?

Energie gewährt die Entfaltung vielfältiger Arten von Masse, Wärme, Arbeit und Information [1]. Dieser Umstand rief die Gestaltung zahlreicher, einfacher aber auch sehr komplexer, modular aufgebauter Prozesse und Produkte hervor. Mit der Zeit erschien als sehr effizient, in vielerlei Hinsicht, Prozesse, Produkte oder Module und Komponenten davon an verschiedenen Standorten eines Unternehmens, erstmal im eigenen Land, dann in allen möglichen Ländern, herzustellen. So entwickelte sich, parallel zum Energie-Kannibalismus, die Globalisierung! Unabhängig von verschiedenen Interpretationen des Begriffes selbst [2] begann die Globalisierung im Zusammenhang mit dem Energieverbrauch Mitte der 1970er Jahre, als es zur massiven weltweiten Verteilung von Produktionsstandorten großer Unternehmen kam.

Bosch hat, zum Beispiel, 440 Niederlassungen und Regionalgesellschaften in mehr als 60 Ländern, Siemens, als eines der weltweit größten Unternehmen der Elektrotechnik und Elektronik, ist in 125 Standorten in Deutschland und darüber hinaus in 190 Ländern vertreten. Volkswagen, der größte Automobilhersteller der Welt vor Toyota und General Motors (2020), hat 123 Werke in 31 Ländern auf dem Globus.

Die Globalisierung wurde nicht hauptsächlich von Bodenschatz-Reserven, Energieträgern oder vom Klima verursacht, auch nicht vom Markt-Zugang. Entscheidend war die Effizienz, ausgedrückt in Geld, Zeit und Stückzahlen. Die sogenannte „neue internationale

Arbeitsteilung" [2] entstand in den sogenannten „Bil-
liglohnländern".

„Freie Produktionszonen" „Weltmarktfabriken" und
„Industrieparks" für Bekleidungsindustrie, Spielwa-
ren, Elektrotechnik- und Elektronikprodukte, Sportar-
tikel und, vor allem für Automobile und Automobil-
komponenten, wuchsen in rasantem Tempo auf vielen
grünen Wiesen der Welt.

Eine solche explosionsartige Entwicklung der globali-
sierten Industrie, deren leistungsstärkste Zugpferde
eindeutig die Fahrzeuge mit ihren vielfältigen Modulen und Komponenten sind, führte zu einer deutlichen
Erhöhung des Energiebedarfs der Menschen auf der
Erde. Die hauptsächlich genützten Energieträger sind
dabei keineswegs klimaneutral, sondern, wegen einfacher Logistik und niedrigem Preis, durchaus fossilen
Ursprungs.

Eine starke Begleiterscheinung dieser Globalisierung
war und ist die Verkettung alter und neuer Dienstlei-
tungen bis zum Endprodukt und seinen Schöpfern hin.
Die Ursachen dieser Verzweigung von Fähigkeiten
und Fertigkeiten, sind am deutlichsten am Beispiel der
Automobilindustrie darstellbar.

Ein Automobilunternehmen wie Volkswagen, Toyota
oder General Motors hat sich im Laufe der Zeit vom
vollständigen Fahrzeugbauer zum Manager einer
räumlichen, modularen Vernetzung von Tätigkeiten
umgewandelt.

In vertikaler Verkettung stehen Stationen der Wert-
schöpfung, angefangen von der Forschung und Entwicklung bis zur Produktion jedes Moduls eines Automobils. Auf horizontalen Ebenen befinden sich die

Produktionsbetriebe in Produktionszonen und Industrieparks in der Welt, die das entsprechende Modul herstellen.

Der Automobilbauer selbst, ob VW oder GM, wird in diesem Szenario ein Knoten mit horizontalen und vertikalen Freiheitsgraden, dcren Inanspruchnahme von seiner Anpassungsfähigkeit abhängt.

Sein Wertschöpfungsanteil sank allgemein im Zuge der Flexibilisierung und Spezialisierung der Aufgaben auf ein Niveau unter 20 %.

Das derzeit in der weltweiten Automobilindustrie umgesetzte Modularkonzept bedeutet auch die Beteiligung von Zulieferern, Modullieferenten und Systemlieferanten an Forschung, Entwicklung und Produktion des jeweiligen Moduls.

Der Zulieferer liefert, als Beispiel, nur Schrauben, oder nur Gussteile.

Der Modullieferant macht aus Schrauben, Gussteilen, Röhren, Elektromagneten und Düsen von mehreren Zulieferern eine Einspritzpumpe für Dieselmotoren.

Der Systemlieferant verbindet die Pumpe des einen Modullieferanten mit einer Steuerelektronik des anderen Lieferanten und versieht das Ganze mit den von ihm gestalteten Funktionen, die den Einspritzprozess und seine Steuerung zur Folge haben.

Der Systemlieferant ist vor dem Automobilbauer für das System und seine Funktion verantwortlich. Jeder *Modullieferant* ist gegenüber dem Systemlieferanten für seine Module verantwortlich, die *Zulieferer* gegenüber seinem Modullieferanten für die eigenen Schrauben und Gussteile verantwortlich.

Jedes Unternehmen dieser Art, ob Automobilhersteller, Systemlieferant, Modullieferant oder Schraubenzulieferer hat wiederum eigene Satelliten und Partner: Energieversorger, Sicherheitsfirma, Reinigungsfirma, Nahrungsversorgung. Jeder Arbeiter in einem solchen Unternehmen braucht aber auch für sich, außerhalb des Unternehmens, einen Lebensmittelladen, einen Arzt oder mehrere, einen Friseur, einen Bäcker, eine Kneipe und sonstige Erhaltungs- und Unterhaltungsdienstleistungen.

Und so ernährt jede Arbeitsstelle in einem Automobilunternehmen 6 bis 10 Arbeitsstellen in seiner Umgebung, von den Systemlieferanten und Schraubenherstellern bis zu den Bäckern und Friseuren. Die Systemlieferanten und Schraubenhersteller können nach der Bewährung ihrer Produkte in der höchst technischen und qualitäts-anspruchsvollen Automobilindustrie ähnliche Produkte für andere Wirtschaftsbranchen anbieten, dafür gibt es unzählige Beispiele, angefangen von Wärmetauschern bis hin zu Ableseinstrumenten.

Die Globalisierung hat die High-Tech Gesellschaft der führenden Industrienationen auf die ganze Welt verteilt, andererseits hat die Spezialisierung von Zulieferern als autarke Sub-Sub-Unternehmer zur schnellen Erweiterung der Industrieparks und -poles geführt.

Die Effekte einer solchen Entwicklung im Zusammenhang mit dem Energiebedarf zeigten sich bald nicht nur in den Unternehmen und Sub-Sub-Unternehmen selbst, sondern auch außerhalb dieser, in einer zunächst ganz profanen Form. All diese Unternehmen entstanden, wegen der modernen Maßstäbe der Logistik und der Versorgung mit Wärme, Strom, Wasser und

Entsorgung von Abfällen und Schadstoffen auf grünen Wiesen. Das entzog aber den Städten größtenteils die Wirtschaft. Ein trauriges Beispiel in dieser Hinsicht ist Detroit, USA: Nach dem Rückzug der großen Automobilhersteller auf den grünen Wiesen in der weiteren Umgebung blieb die Stadt in ihrem Kern eine regelrechte Ruine. Verlassene, verfallene, riesige Gebäude, die als Automobilmachtzentralen dienten, stehen seit Jahrzehnten als Mahnmale dieser Entwicklung. Die Menschen blieben aber in den Häusern der Stadtgürtel, nicht nur in Detroit, sondern weltweit. Sie haben jedoch nunmehr Arbeit in den Industrie-Superparks auf den grünen Wiesen. Dahin muss man fahren, dafür ist der Bau vieler langer Schnellstraßen und Autobahnen notwendig. Am Industriepark selbst braucht man dann riesige Parkplätze für die Autos der Mitarbeiter. Wer die Dimension des Problems verstehen will, kann an einem Automobilwerk vorbeifahren, in dem gewöhnlich etwa 1000 Fahrzeuge pro Tag produziert werden. Der Bau von Straßen und Parkplätzen kostet viel Material und viel Energie. Das wahre Problem ist aber, dass die Mitarbeiter nicht nur Straßen und Parkplätze brauchen, sondern auch Autos die im guten Zustand sind, um jeden Tag dahin zu fahren. Die Dimensionen dieses Problems sind gigantisch: Im Jahr 2010 gab es in der Welt 1 Milliarde Automobile. Bis Juni 2020 kamen noch 328 Millionen hinzu. Pessimistische Studien prophezeien eine Veroppelung dieses Fahrzeugbestandes in den nächsten zehn Jahren, die Optimisten meinen, das wird schon fünfzehn Jahre brauchen. Als wäre das überhaupt ein Unterschied! Bei den neuen Zulassungen werden die Elektroautos bis dahin nach einigen Prognosen 30 bis 50% vom Verkauf erreichen. Ob das hinsichtlich der CO_2 Emission etwas bedeutet?

These 20: Die Globalisierung und die Sub-Sub-Unternehmen-Hierarchisierung haben zu einer explosionsartigen Entwicklung von Industrieparks außerhalb von Metropolen geführt, wofür nicht nur viele neue Straßen und gigantische Parkplätze, sondern auch viele neue Autos erforderlich sind – damit steigt der Energiebedarf entsprechend.

Die Globalisierung der Automobilindustrie zeigt aber auch einen anderen Effekt, mit unmittelbarer Beeinflussung des Energiekonsums:

Die modernen Autos werden nicht mehr hauptsächlich auf den Territorien von High-Tech-Nationen wie USA oder Deutschland gebaut, sondern dort, wohin sie die Globalisierung verlagert hat. In China wurden im Jahr 2005 erst 3 Millionen Fahrzeuge jährlich gebaut, 2018 waren es 28 Millionen, also fast 10-mal mehr! Indien baut derzeit (2019) 4,5 Millionen Fahrzeuge jährlich – so viel wie Deutschland! Und was ist mit den USA? In ihrem Spitzenjahr 1999 stellten die Nordamerikaner noch 5,6 Millionen Fahrzeuge her, 20 Jahre später nur noch 2,5 Millionen, das macht weniger als ein Zehntel der jetzigen jährlichen chinesischen Automobilproduktion aus!

Darüber kann man in Ruhe nachdenken: In Deutschland baut man unter 5 Millionen Autos pro Jahr, der deutsche Konzern Volkswagen baut jedoch rund 11 Millionen Automobile, die meisten davon werden in der weiten Welt produziert. China und Indien, die Länder, die mit jeweils über 1,3 Milliarden Menschen die größte, aber nicht die reichste Bevölkerung der Welt haben, bauen sehr, sehr viele davon. Dafür brauchen sie aber auch immense Energien. China verwendet derzeit, als Primärenergie, 59% Kohle, 19% Erdöl und 8%

Erdgas – das macht 86% kohlendioxidemittierende fossile Energieträger aus. In Indien sind es sogar 92% (56% Kohle, 30% Erdöl, 6% Erdgas). Nach Global Carbon Projekt Daten für 2019 ist China der größte Emittent von anthropogenem Kohlendioxid, mit 28% des gesamten Weltausstoßes, Indien hat eine Beteiligung von 7%. Beide zusammen sind für mehr als ein Drittel der anthropogenen Kohlendioxidemission des Planeten verantwortlich.

Ganz Europa ist nur für ein Zehntel der weltweiten CO_2 Emission schuldig und will nun, ganz brav, so das Vorhaben der Europäischen Kommission, bis 2050 kohlenstoffdioxidneutral werden! Wir wollen zuhause kehren, den Dreck schmeißen wir der Globalisierung zuliebe über den Zaun, als würde die Sonnenstrahlung von oben einen Zaun sehen und die Strahlen entsprechend biegen können!

Es sieht auch nicht so aus, als würden die Chinesen, die Inder oder auch die US-Amerikaner solchen Plänen folgen wollen. Der weltweite Verbrauch fossiler Energieträger wird in den nächsten 20 Jahren keineswegs so drastisch reduziert werden, wie manche Visionäre es wissen wollen, sondern, im Gegenteil, spürbar zunehmen.

These 21: Der deutlich steigende Gesamtenergieverbrauch in der Welt verursacht zwei gegeneinander laufende Entwicklungen: Der Verbrauch fossiler Energieträger wird in den nächsten Dekaden nicht abnehmen, sondern spürbar zunehmen, andererseits wird die Verwendung erneuerbarer Energien eindeutig steigen.

Von der weltweit verbrauchten Primärenergie im Jahr 2018 (13,865 Milliarden Tonnen Erdöläquivalent - TOE) nahm sich China eine Portion von rund 24%, die USA rund 17%, Indien 6% und Russland 5%. Diese vier Länder verbrauchen zusammen mehr Energie als der Rest der Welt zusammen. Deutschland begnügte sich mit einem Zehntel der Energie, die China konsumierte!

Wenn - sehr wünschenswert aber sehr hypothetisch - jedem Erdbewohner der gleiche Anteil der Primärenergie der Welt zukommen würde, ergäben sich, bei 7,8 Milliarden Menschen (06/2020) 75.000 Megajoule für jeden.

Über das Jahr gleichmäßig verteilt (1 Jahr hat 31.536 Sekunden) ergibt diese Energie eine dauernd verfügbare Leistung von 2,39 Kilowatt für jeden Menschen des Planeten.

Diese Leistung würde für Mobilität, Hausbau, Heizung, elektrische Geräte, Produktion von Konsumgütern, Nahrung, Waffen, Straßen-, Schul- und Krankenhäuserbau verbraucht. Allerdings wird sie nicht von allen Menschen in gleichen Anteilen in Anspruch genommen! Nach dem Bericht der Weltbank vom 10/2018 leben 3,4 Milliarden Menschen, also fast die Hälfte der Weltbevölkerung, unter der Armutsgrenze, sehr viele davon haben nicht einmal genügend Nahrung. In den nächsten 20 Jahren wird die Weltbevölkerung um weitere 2 Milliarden Menschen zunehmen.

Die errechnete Dauerleistung von 2,39 Kilowatt, die jedem Menschen zukommen sollte, ergibt für einen Tag (24 Stunden) eine Energie von 57,36 Kilowatt-

Stunden. Ein Vergleich mit der Energiezufuhr als Nahrung in einem Land wie Deutschland, den USA oder Italien erscheint als erwähnenswert.

Für einen Mann im Alter zwischen 18 und 60 Jahren wurde im Kapitel 2 ein Konsum von 2400 Kilokalorien am Tag empfohlen, das sind 2,78 Kilowatt-Stunden. In Dauerleistung, also durchgehend in jedem Augenblick des Tages umgerechnet, sind es 0,1157 Kilowatt. Weder die Verteilung der Energie noch jene der Nahrung ist aber gleich auf der Welt. In Deutschland liegt die tatsächlich verbrauchte Dauerleistung eindeutig über dem weltweiten statistischen Mittelwert von 2,39 Kilowatt. Aufschlussreich ist dafür der Bezug des Primärenergieverbrauchs der Bundesrepublik Deutschland für ein Referenzjahr auf ihre Einwohnerzahl. Für das Jahr 2018 kann aus den amtlich veröffentlichen Daten ein Verbrauch von 159.640 Megajoule pro Person und Jahr abgeleitet werden [3]. Das macht eine Dauerleistung von rund 5 Kilowatt aus.

In einem deutschen Einfamilienhaus (2019) wird von einer vierköpfigen Familie eine Gesamtenergie zwischen 23.000-32.000 Kilowatt-Stunde pro Jahr verbraucht, das sind zwischen 15,75-21,9 Kilowatt-Stunden täglich pro Person. Über 80% dieser Energie wird für Heizung und Warmwasser verwendet Die Elektroenergie macht im Durchschnitt rund 4000 Kilowatt-Stunden jährlich, beziehungsweise 2,74 Kilowatt-Stunden täglich pro Person aus.

Das Interessante an diesem Wert ist, dass in einem Land wie Deutschland jede Person genauso viel Strom wie Nahrung verbraucht: 2400 Kilokalorien sind, umgerechnet, 2,78 Kilowatt-Stunden. Mehr als ein Viertel dieses Stroms geht auf Fernseher, Tablets, Computer und Mobiltelefone im Haus!

Insgesamt haben die Haushalte in Deutschland im Jahr 2018, gemäß den amtlichen Daten des Umweltbundesamtes, rund ein Viertel der Gesamtenergie des Landes verbraucht. Die Industrie verbrauchte rund 30%, der Verkehr weitere 30%, Gewerbe, Handel und Dienstleistungssektor 15%.

Der gesamte Energieverbrauch ist in Deutschland, als ein für die Welt beispielhaftes Industrieland, seit 30 Jahren weder gestiegen noch gesunken. Dazu tragen hauptsächlich drei Strömungen bei:

- Der Wärmeverbrauch ist dank effizienterer Heizungsanlagen und besserer thermischer Isolation der Räume rückläufig, obwohl die Einwohnerzahl leicht gestiegen ist.

- Der Stromverbrauch ist gestiegen, wofür mehr Computer, Tablets, Mobiltelefone, Fernseher, Musikanlagen und andere elektrisch-elektronische Geräte verantwortlich sind.

- Der Kraftstoffverbrauch für Fahrzeuge ist konstant geblieben, obwohl die Anzahl der Fahrzeuge kräftig zugenommen hat: Allein die Anzahl der Personenwagen in Deutschland ist in dem Zeitraum 1990-2020 von rund 31 Millionen auf fast 48 Millionen gestiegen. Das zeugt für die exzellente Arbeit der Automobilingenieure bei der ständigen Reduzierung des Kraftstoffverbrauchs durch vielfältige Maßnahmen.

Die Industrie in Deutschland verbraucht seit 1990 deutlich weniger Energie, trotz des allgemein bekannten Wirtschaftswachstums. Die kräftigen Einsparungen kommen von der effizienteren Nutzung der Prozesswärme, die zwei Drittel des ganzen industriellen Verbrauchs ausmacht und des gestiegenen Wirkungsgrades der Arbeitsmaschinen, die ein Viertel dieser Energie beanspruchen. Die Raumwärme hat mit einem Anteil von kaum einen Zehntel an dem Energieverbrauch der Industrie keine maßgebende Rolle in dieser Bilanz.

Das ist anders auf dem Gewerbe-, Handels- und Dienstleistungssektor, wo die Raumwärme die Hälfte des Energieverbrauchs und der Strom für Beleuchtung und Geräte nahezu die andere Hälfte ausmachen.

Die privaten Haushalte verbrauchen im Vergleich mit dem Referenzjahr 1990 auch weniger, trotz gestiegener Zahl der Einwohner und der Wohnungen und Einfamilienhäuser. Dabei ist die Raumwärme mit 70% der absolute Energiefresser im Haus. Das ist ein sehr gutes Zeugnis für das auf Bundesebene verfolgte Programm des Niedrigenergiehauses, in dem die Wärmedämmung des Daches, der Außenwände, der Außentüren und der Fenster, im Zusammenspiel mit einer thermisch effizienten Heizanlage entscheidend sind.

Außerhalb des Hauses beginnt die Mobilität: Die Energieaufwendung für die individuelle, tägliche Mobilität mit dem Automobil ist im Vergleich mit der „Hausenergie" beachtlich! Laut der Studie des Deutschen Bundesverkehrsministeriums „Mobilität in Deutschland 2017" fährt eine Person in einer Stadt statistisch 14 Kilometer jeden Tag mit dem eigenen Auto, im ländlichen Raum sind es 26 Kilometer am Tag. Bei der Fahrt mit einem Auto mit Benzinmotor, ergibt sich bei einem durchschnittlichen Kraftstoffverbrauch von 5,9 Liter Benzin je 100 Kilometer folgende Energiebilanz [3]: In der Stadt: 7,47 Kilowatt-Stunden täglich, im ländlichen Raum 13,87 Kilowatt-Stunden.

Der rein statistische Wert der aus der Teilung des weltweiten Primärenergieverbrauchs durch die Anzahl der Menschen auf der Welt lag bei 57,36 Kilowatt-Stunden pro Tag und Person. Bezogen darauf würde die urbane und die ländliche Mobilität der Menschen, die Autos wie in Deutschland hätten 13% bis 24% dieses Energiebetrages ausmachen. Der gesamte Energieverbrauch würde dann entsprechend zunehmen. Und wenn es eine solche Mobilitätsform für alle Menschen auf der Erde geben würde, dann gäbe es auch die entsprechende industrielle Struktur und den gleichen Wohnkomfort-Anspruch. Mobilität, Industrie und Haushalt verbrauchen jeweils rund 30% der Energie, die ein Mensch in einem entwickelten Land in Anspruch nimmt.

Allein die individuelle Mobilität kann in diesem Szenario eine entscheidende Rolle bei dem zukünftigen Energieverbrauch spielen: Der heutige weltweite Bestand von 1,3 Milliarden Fahrzeugen (06/2020), kann sich nach den neusten Prognosen von Ward's Automotive Group, R.L. Polk Marketing Systems in den nächsten dreißig Jahren verdoppeln. Im Jahre 2008 wurden etwa 57 Millionen Personenwagen weltweit verkauft, davon 10 % im Premiumsegment. Während in den USA derzeit etwa 700 Fahrzeuge je 1000 Einwohner registriert sind (US Department Of Transportation), beträgt das Verhältnis in China 27/1000 bzw.

in Indien 10/1000. Nicht umsonst sind die Entwicklungsstrategien der meisten Automobilhersteller insbesondere auf die Bedürfnisse der von ihnen als BRIC bezeichneten Länder Brasilien, Russland, Indien oder China fokussiert.

Die oben gezeigte Verteilung der Energie im heutigen Deutschland gilt nur für die Länder der Welt mit den, vergleichsweise, höchsten Maßstäben für Industrie, Wirtschaft, Finanzen und Sozialsysteme.

Es wäre absolut irreführend, einen Weltdurchschnitt des Energieverbrauchs eines Landes, geteilt nach Industrie, Haushalte, Verkehr und Gewerbe zu machen, wie in der Darstellung zuvor. In China, ein industriell und wirtschaftlich besonders aufstrebendes Land, verbraucht die Industrie über 70% der Energie, während für die Haushalte der 1,3 Milliarden Chinesen nur 13% (2016) bleiben (Quelle: Chinese National Energy Administration).

Die Energieverteilung ist die eine Seite, die Kohlendioxidemission die andere! Bei der Analyse der Energieverteilung in Deutschland auf Industrie, Haushalte, Verkehr und Gewerbe muss unbedingt auch beachtet werden, woher diese Energie kommt:

- Die Industrie verwendet als Energieträger mehrheitlich Gas (36%), Strom (31%) und Kohle (16%).

- Die Haushalte verbrauchen hauptsächlich Gas (38%), Erdölprodukte (20%) und Strom (31%).

- Gewerbe, Handel und Dienstleistungssektor nutzen insbesondere Strom (39%), Gas (28%) und Erdölprodukte (21%).

- Der Verkehr basiert zu 94% auf Erdölprodukten.

Der Strom kommt in Deutschland gegenwärtig (06/2020) zu 23% aus Braunkohle, zu 12% aus Kernenergie und zu 35% aus erneuerbaren Energien (Quelle: Destatis – Statistisches Bundesamt).

Die Verbrennung von Gas, von Erdölprodukten und von Kohle für Industrie, Haushalte, Gewerbe und Verkehr, aber auch die Stromerzeugung aus Kohle, haben einen gemeinsamen Nenner. Aus jeder vollständigen Verbrennung – also nicht einmal mit Kohlenmonoxid oder Ruß – resultiert Kohlendioxid, so will es eben die Chemie [1]:

- Aus der Verbrennung eines Kilogramms Benzin oder Diesel resultieren 3,1 Kilogramm Kohlendioxid.

- Aus der Verbrennung eines Kilograms Erdgas oder Biogas resultieren nur 2,75 Kilogramm Kohlendioxid, dazu mehr Wasser als aus der Benzinverbrennung, auf Grund des höheren Verhältnisses zwischen Wasserstoff und Kohlenstoff im Erdgas.

- Aus der Verbrennung eines Kilogramms Braunkohle resultieren 3,67 Kilogramm Kohlendioxid.

Wichtig ist, wieviel von jedem dieser Energieträger verbrannt werden muss, um die gleiche Wärme zu bekommen. Erdgas, Benzin und Diesel haben etwa den gleichen Heizwert, das ergibt die gleiche Wärme aus der gleichen verbrannten Menge. Bezüglich der Kohlendioxidemission für die gleiche Wärme ist das Erdgas, wie das Biogas klar im Vorteil.

Bei der Braunkohle sieht die Welt aber schwarz aus: Für die gleiche Wärme wie aus Gas und Erdölprodukten muss viermal mehr Kohle verbrannt werden!

Im Vergleich mit der Verbrennung eines Kilogramms Gas, mit einem Kohlendioxidausstoß von 2,75 Kilogramm ergibt die Verbrennung von 4 Kilogramm Kohle (bei 100% Kohlenstoffgehalt) 14,68 Kilogramm Kohlendioxid. Zugegeben, Braunkohle enthält nicht 100%, sondern 58-73% Kohlenstoff, was die Emission entsprechend auf rund 9,5 Kilogramm mindert; Steinkohle hat einen höheren Kohlenstoffgehalt und demzufolge auch einen besseren Heizwert, weswegen die 4 Kilogramm reduziert werden können. Das Ergebnis bleibt trotzdem beängstigend.

10

Elektroantrieb statt Verbrennungsmotor löst nicht die Probleme

Die Probleme beginnen bei der Absicherung der Leistung für eine zumutbare Funktionsdauer. Verbannen die Elektroantriebe die Verbrennungsmotoren, genauer gesagt die Dieselmotoren, von Landwirtschaftsmaschinen wie Ackerwalzen, Schlepper, Trecker oder Mähdrescher? Auch von Industrieanlagen und Maschinen, von Schiffen und Baumaschinen wie Bagger, Raupen, Bohrgeräten, Tiefladern, Betonmischern, von Straßenwalzen, Asphaltheizmaschinen und Baukompressoren? Ebenso von einem Raupenkran von Liebherr mit 2 Elektromotoren und einer Batterie von Tesla, dem Vorzeige-Elektroauto, statt der zwei 8 Zylinder-Dieselmotoren mit einer Gesamtleistung von 1000 Kilowatt (1360 PS)? Mit einer Batterie die fast eine Tonne wiegt, könnte der Kran bei gutem Wetter geradeso fünf Minuten arbeiten. Die Rechnung ist einfach:

These 22: Ein Liter Dieselkraftstoff enthält rund 10 Kilowatt-Stunden Energie, oder umgekehrt, eine sehr moderne Lithium-Ionen-Batterie für Automobile wie Tesla enthält soviel Energie wie acht Liter Dieselkraftstoff.

© Der/die Autor(en), exklusiv lizenziert durch
Springer-Verlag GmbH, DE, ein Teil von Springer Nature 2021
C. Stan, *Energie versus Kohlendioxid*,
https://doi.org/10.1007/978-3-662-62706-8_10

Zugegeben, der Wirkungsgrad zwischen Batterie und Elektromotorachse beträgt mehr als das Doppelte im Vergleich mit jenem zwischen dem Dieseltank und der Welle des Dieselmotors. Verdoppeln wir also die Dieselmenge für einen fairen Vergleich – nicht acht, sondern 16 Liter Diesel würden die gleiche Energie wie eine Tesla Batterie für 5 Minuten Kranarbeit liefern. Nach fünf Minuten Kranarbeit mit Elektromotoren und Strom aus einer Tonne Batterie würde das nächste Problem auftreten: Laden für die nächsten 5 Minuten. Mit einem 90 Kilowatt Strom-Anschluss würde das Laden der Batterie etwa eine halbe Stunde dauern, von einer normalen Steckdose bis zum nächsten Tag.

Das Laden derartiger Batterien ist eine technisch komplexe Angelegenheit, die nicht nur entsprechende Systeme, sondern auch raffinierte Ladestrategien benötigt: Um möglichst viele Kilowatt in wenigen Stunden in eine Batterie mit vielen Kilowatt-Stunden Kapazität hineinzupressen, muss sowohl der Strom als auch die Spannung hoch sein. Dafür gibt es Gleichstrom-, aber auch Wechselstrom-Techniken. Als Beispiel: Bei den häuslichen Schuko-Steckdosen in Europa können so Ladeleistungen bis zu 3 Kilowatt gespeist werden - für eine Batterie mit 30 Kilowatt-Stunde braucht man idealerweise 10 Stunden Ladezeit. Beim Gleichstromladen fließt der Gleichstrom von der Ladestation direkt in die Batterie, derzeit, mit wenigen Ausnahmen bei einer Spannung von 400 bis 500 Volt. In modernen Ladestationen fließen Ströme von bis zu 125 Ampere, was bei der erwähnten Spannung eine Ladeleistung bis zu 50 Kilowatt gewährt. Die neusten Ladestationen für gegenwärtige Elektroautos können Ladeleistungen zwischen 100 und 150 Kilowatt erreichen. Porsche schafft bei einer Spannung von 800 Volt sogar 270 Kilowatt. Für die ausreichende Kühlung der Batterie, beziehungsweise zum Schutz der Batteriezellen wird die Ladeleistung mit keinem der beschriebenen Systeme auf dem maximalen Wert während der Batterieladung bis zu 100% gehalten, bei Porsche sind es 20 Minuten, das ergibt eine Ladung für eine Fahrstrecke von 200 Kilometern. Bei Tesla Model 3 wird die maximale Ladeleistung bis zu 20% der Batterieladung geliefert.

Nichtdestotrotz sollen die Verbrennungsmotoren mindestens aus den Automobilen verschwinden und mit Elektromotoren ersetzt werden, die ihre Energie aus Batterien an Bord beziehen, das sollte die anthropogene Kohlendioxidemission auf der Erde wesentlich reduzieren, sagen die Entscheider aus der Politik.

Statista.com 2020 sagt, auf Basis der Daten der Internationalen Energieagentur, dass im Jahre 2017 lediglich 24% der weltweiten Kohlendioxidemission dem Transport auf Erde, in der Luft und auf Wasser zugerechnet werden, genauso viel wie der Industrie. Den Löwenanteil hat mit 41% die Erzeugung von Elektrizität und Wärme. Das wäre also die „schmutzige" Elektrizität! Alle Elektroauto-Befürworter und -Hersteller meinen aber „unsere Elektroautos bekommen nur sauberen Strom – von Wind, von der Sonne und von der Wasserenergie". Den sauberen Strom also für das Auto, den Dreckigen für die Waschmaschine – denn sauber für beides reicht es doch nicht. Ein Beispiel in dieser Richtung ist sehr aufschlussreich: Norwegen hat bereits eine beachtliche Anzahl von Elektroautos auf seinen Straßen und will in den nächsten Jahren alle Fahrzeuge mit Verbrennungsmotoren aus dem Land verbannen. Das ist erstmal verständlich, wenn man bedenkt, dass 98,5% des norwegischen Stroms aus Wasserkraftwerken kommt, sie haben nun mal unzählige Wasserfälle, der Strom fällt fast auf natürliche Weise vom Berg. Die andere Seite dieser umweltfreundlichen Mobilitätsausrichtung: Norwegen ist der zweitgrößte europäische Erdölförderer und -exporteur, nach Russland. Mit diesem Erdöl sollen doch andere dreckigen Strom produzieren! Toll! China und Indien werden bald zu den größten Automobilmärkten der Welt – wer dort auf Elektromobilität setzt wird auch mit der Tatsache konfrontiert, dass der Strom zum überwiegenden Anteil aus Kohle produziert wird.

Bleiben wir aber noch in Europa: Einen wesentlichen Anteil an der Kohlendioxidemission durch Verbrennung fossiler Energieträger hat der Verkehr und innerhalb dieses der Straßenverkehr mittels Fahrzeuge mit Otto- und Dieselmotoren. In der Europäischen Union verursacht der Straßenverkehr 72% (2016) der Kohlendioxidemissionen aller Verkehrsmittel (Flugzeuge, Eisenbahn, Schiffe, Straßenfahrzeuge). Innerhalb dieses Anteils sind die Automobile für rund 61% der Kohlendioxidemissionen verantwortlich, gefolgt von Schwerlastern mit rund 26%.

Europäische Gesetzgeber sehen deswegen eine drastische Senkung des CO_2-Grenzwertes für die Fahrzeugflotten der jeweiligen Hersteller (zum Beispiel, der Durchschnitt aller Emissionen von Audi A1 bis A8 oder von Mercedes von der A- bis zur S-Klasse). Die Kohlendioxidemission ist aber proportional dem Streckenkraftstoffverbrauch. Der für 2020 festgesetzte Emissionsgrenzwert entspricht bei einer Autoflotte mit Ottomotoren einem Streckenkraftstoffverbrauch von

4,1 Liter Benzin je 100 Kilometer. Die Gesetzesgeber in Europa sprechen aber bereits von einer baldigen Senkung des Grenzwertes auf ein Niveau, das 0,9 Liter Benzinverbrauch je 100 Kilometer als Flottendurchschnitt bedeuten würde.

Eine Marke, die erfolgreich Modelle mit über 3 Litern Hubraum bei einem Benzinverbrauch von 12 bis 18 Litern je 100 Kilometern verkauft, bleibt demzufolge in der nahen Zukunft als Kompensationsmaßnahme nichts anderes übrig, als vielmehr Elektroautos zu bauen oder Elektroauto-Hersteller ganz aufzukaufen, um den Flottendurchschnitt mächtig zu senken.

In den USA wird eine Begrenzung des Streckenkraftstoffverbrauches, aus dem die CO_2-Emission proportional resultiert, von derzeit 9,7 auf 7 Liter je 100 Kilometer bis 2020 angestrebt. In Japan wurden 5,9 Liter als Grenzwert bereits bestätigt.

In der Energie- wie in der Emissionsbilanz muss allerdings die gesamte Kette von der Bereitstellung eines Kraftstoffs bis zum Drehmoment am Rad des Fahrzeugs in Betracht gezogen werden, so zum Beispiel für ein Auto mit Benzinmotor: 10% der gesamten Kraftstoffenergie für seine eigentliche Herstellung aus Erdöl (inbegriffen Erdölerkundung -förderung und Ferntransport, Raffinerieprozesse, Benzinverteilung in der Infrastruktur), 10 % Auswirkungen der Nutzlastverhältnisse, 2-3 % Verluste durch Getriebewirkungsgrade, 77-78% Energienutzung im Motor, wovon nur 30-40% zum Drehmoment führen.

These 23: Ein Fahrzeug mit Antrieb durch Elektromotor und Energie aus einer Lithium-Ionen-Batterie, geladen mit Energie aus dem EU Strommix (2017 – 20,6% Kohle, 19,7% Erdgas, 25,6 Atomenergie, 9,1% Wasserkraft, 3,7% Photovoltaik, 6% Biomasse, 11,2% Windenergie, 4,1% andere Energieträger) – emittiert nur unerheblich weniger Kohlendioxid als ein Auto mit Dieselmotor.

In einem Basis-Vergleich des Heidelberger Institutes für Energie und Umweltforschung, unterstützt von 23 anderweitigen Studien (2019), wurde ein Standard-Elektroauto mit 35-kWh-Li-Ion-Batterie, mit einem Energieverbrauch von 16 kWh/100 km mit einem Auto mit Benzinmotor mit einem Verbrauch von 5,9 Litern/100 km und einem Auto mit Dieselmotor mit einem Verbrauch von 4,7 Liter/100 km in Bezug auf die gesamte Kohlendioxidemission verglichen. Erst bei 60.000 Kilometern sind die Kohlendioxidemissionen des Elektroautos und des Benzinautos gleich, der Vergleich mit dem Dieselauto ergibt die gleiche Emission bei 80.000 gefahrenen Kilometern! Das Elektroauto verursacht gewiss während der Fahrt gar keine Emission, aber der Strom kommt doch von dem erwähnten Strommix, in dem mehr als 40% der Energie von Kohle und Kohlenwasserstoff kommt.

Die schwerwiegende Kohlendioxidemission entsteht aber bei der Herstellung der Lithium-Ionen-Batterie: Das sind, je nach Herstellungsverfahren, 100-200 Kg Kohlendioxid/ kWh Batterie. Bei den vorhin betrachteten 35 kWh einer Batterie werden also 3500-7000 kg CO_2 emittiert (bei einer Tesla Batterie über 15.000 kg CO_2). Im Vergleich: im Falle des Dieselautos mit 4,7

l/100km bei einer Kohlendioxidemission des verbrannten Kraftstoffs von 3,1 kg CO_2/kg werden auf
80.000 km insgesamt 8578 kg CO_2 emittiert.

Der thermische Wirkungsgrad der Dieselmotoren, als
eigentlicher Kehrwert des Kraftstoffverbrauchs, erreichte in 125 Jahren nach seiner Einführung durch Rudolph Diesel den doppelten Wert. Gegenwärtig über-
trifft er in PKW- und LKW-Motoren (40-47%) jene
aller anderen Wärmekraftmaschinen, angefangen von
Ottomotoren (30-37%). Nur Gas- und Dampfturbinen
mit Leistungen über 100 Megawatt können ähnliche
Werte (40-45%) erreichen. Einzig und allein Gas- und
Dampfturbinen-Kombikraftwerke von 100-500 Megawatt kommen auf höhere Wirkungsgrade (55-60%).
Die meisten Menschen sehen in dem Dieselmotor noch
die Fossilie von 1897. Bei allem Respekt für Rudolph
Diesel, es handelt sich dabei um einen Motor mit
Selbstzündung, die man seitdem in vielen anderen For-
men gestaltet hat und derzeit ziemlich revolutioniert.

**These 24: Der Diesel bleibt in Bezug auf den Ver-
brauch und dadurch auf die Kohlendioxidemission
eine unverzichtbare Antriebsform für Fahrzeuge.
Mittels neuer Einspritzverfahren werden Verbrauch und Emissionen noch beachtlich reduziert
werden. Regenerative Kraftstoffe (und dadurch
Kohlendioxidrecycling in der Natur, dank der Photosynthese) wie Bio-Methanol, Bio-Ethanol und Dimethylether aus Algen, Pflanzenresten und Hausmüll, sowie seine Zusammenarbeit mit
Elektromotoren werden ihm einen weiteren Glanz
verschaffen.**

Literatur zu Teil II

[1]   Stan, C.: Thermodynamik für Maschinen und -
      Fahrzeugbau, Springer Vieweg, 2020,
      ISBN 978-3-662-61789-2

[2]   Menzel, U.: Globalisierung versus Fragmentie-
      rung. Frankfurt: Suhrkamp 1999.
      3. Auflage,
      ISBN-13: 978-3518120224

[3]   Stan, C.: Alternative Antriebe für Automobile,
      5. Auflage, Springer Vieweg, 2020,
      ISBN 978-3-662-61757-1

Teil III

Energie ohne Kohlendioxid

11

Die Hoffnungsträger zuerst: Photovoltaik, Wind, Wasser

Die erneuerbaren Energieträger, die eine Energiege-
winnung ohne Kohlendioxidemission gewähren, werden weltweit zunehmend eingesetzt: Sie sind tatsächlich die großen Hoffnungsträger in Bezug auf die
angestrebte Klimaneutralität. Die Rechnung muss aber
realistisch aufgestellt werden, um keine falschen Hoffnungen zu erwecken:

**These 25: Aus Photovoltaik, Wind und Wasser
wird nicht jede Form der Energie gewonnen die auf
der Welt verbraucht wird, sondern fast ausschließlich Elektroenergie. Andererseits macht die Elektroenergie weniger als ein Fünftel des Weltenergiebedarfs aus. Der Beitrag von Photovoltaik- und
Windanlagen an der Produktion dieser Elektroenergie ist bei weit unter jeweils 10% noch sehr gering.**

Selbstverständlich könnten mit Photovoltaik- Wind-
und Wasser-Energie auch Räume oder Wasser beheizt
werden, oder auch Stahl gekocht, die Realität ist aber
eine andere. Deutschland ist als eine der führenden In-

dustrienationen der Welt ein aufschlussreiches Beispiel für diese Realität, weil alle modernen Wirt-
schaftszweige in der Energieaufteilung des Landes zu
finden sind.

Nach Umrechnung der entsprechenden Daten des
Deutschen Umweltbundesamtes für 2018 ergibt sich
folgende Situation: Der Verkehr und die Industrie
brauchen jeweils rund 30% des gesamten Jahresener-
giezuflusses, wie bereits im Kapitel 9 erwähnt. Die
Haushalte benötigen 25%, das Gewerbe 15%. Ab hier
soll die Energienutzung doch spezifiziert werden: Der
Verkehr benötigt nur *1,6% Elektroenergie*, dafür 94%
Erdöl, die Industrie verbraucht etwa *30% Elektroener-
gie* und über 55% Gas und Kohle, die Haushalte *20%
Elektroenergie*, 57% Gas und Öl, 8% Fernwärme, das
Gewerbe *39% Elektroenergie,* 49% Gas und Öl.

Die *Elektroenergie* macht demzufolge unter 20 % des
gesamten Energiekonsums Deutschlands aus.

Im Weltmaßstab ist die *Elektroenergie mit 15 – 17 %*
am gesamten Energiekonsum beteiligt (errechnet aus
den jährlichen Reports der Internationalen Energieagentur 2016 - 2019). Bei der Produktion dieser Elektroenergie sind alle Solaranlagen der Welt mit 3% im
Vergleich mit der Verwendung von Kohle und Erdgas
beteiligt. Der Wind macht, genau wie das Erdöl, 7%
im Vergleich zu Kohle und Erdgas aus, die Wasserkraft nahezu 10-mal mehr als die Solaranlagen.

11.1 Die Photovoltaik

Die durchschnittliche Energieflussdichte der Sonnenstrahlung (bekannt auch als „Intensität", was physikalisch nicht ganz korrekt ist), beträgt an der Grenze der
Erdatmosphäre 1367 Watt je Quadratmeter. Ein Teil
davon dringt in die Atmosphäre ein, andere Teile werden gestreut oder reflektiert [1]. Der in die Atmosphäre
eingedrungene Anteil der Sonnenstrahlung wärmt die
Luft, die Erd- und die Meeresoberflächen. Der von der
Sonnenstrahlung kommende Energiestrom wird aber
auch direkt, in natürlichen Prozessen (Photosynthese
in Pflanzen) und in technischen Prozessen (Photovoltaik und Photothermie) umgewandelt.

Die Energieflussdichte der Sonnenstrahlung in der
Erdatmosphäre selbst schwankt, je nach Erdregion und
Tages- oder Jahreszeit-Schwankungen zwischen Null
und 1000 Watt je Quadratmeter. Manche Wissenschaftler berechnen, in vereinfachten und idealisierten
Szenarien, wieviel Energie die Sonne durch Strahlung
jährlich der Erde liefert und teilen dann diese Energie
auf den Weltenergiebedarf eines bestimmten Jahres.
Was daraus resultiert ist zunächst faszinierend und
energiehunger-beruhigend, zumindest virtuell: Die
Sonne liefert doch das Zehntausendfache der Energie,
die wir brauchen. Warum nutzen wir sie nicht in cleve-
ren Anlagen, ist es für die Menschen bequemer, dre-
ckige Energiequellen wie Erdöl, Erdgas und Kohle an-
zuzapfen?

Dafür gibt es mehrere Gründe:

-   Die Flora dieser Erde braucht selbst viel von der
    Sonnenstrahlung, und zwar von dem Anteil mit

der höchsten Intensität (Watt pro Kubikmeter), im Wellenlängenbereich (Mikrometer) des Lichtes. Diese Energie nutzen die Bäume und die Pflanzen für die Photosynthese, die der Motor ihrer Nahrungszubereitung ist: Mit solchen Lichtstrahlen wird das Chlorophyll, das grüne Hämoglobin im Blut der Pflanze aktiviert, welches dann, in zwei Phasen, zur Umwandlung des Kohlendioxids aus der Atmosphäre und des Wassers an den Wurzeln in die nährenden Glukosen beiträgt.

- Die Energieflussdichte (Watt/Quadratmeter) der Sonnenstrahlung, als Integral der Intensitäten auf den vielen Wellenlängen, ist auf Flächen bezogen. Um daraus einen Energiefluss, in dem Fall besser bekannt als Leistung (Watt) bei maximal 1000 Watt pro Quadratmeter zu erhalten, sind große Flächen erforderlich. Ein praktisches, aktuelles Beispiel: Auf einer Fläche von 2700 Hektar in China, die mit Solarpaneelen gesät ist (der gesamte Weinbaugebiet Mosel-Saar-Ruwer erstreckt sich auf 8770 Hektar), werden 850 Megawatt geerntet. Die gleiche Leistung erbringt das Öl-Kraftwerk in Ingolstadt, auf 37 Hektar, also auf 1,37% der oben genannten Fläche.

- Die Sonne scheint auf einer Erdoberfläche nur einige Stunden am Tag, je nach Breitengrad – in Ecuador mehr, in Deutschland weniger, falls sie überhaupt scheint. Im Sommer und im Winter ist die Intensität der Sonnenstrahlung auch stark unterschiedlich. Als Beispiel, eine photovoltaische Hausanlage in Norddeutschland, vorgesehen für eine maximale Leistung von 5 Kilowatt, liefert in den Sommermonaten (April bis September) eine gesamte Energie von 2880 Kilowatt-Stunden, im Winter aber (November bis März) nur 1220 Kilowatt-Stunden (kWh). Die Differenz zwischen den einzelnen Monaten zeigt diese Wetter- und Jahreszeit-Abhängigkeit noch deutlicher: Im August sind es 625 kWh, im Januar 135 kWh, im November aber nur 90 kWh! In dem gesamten Jahr summiert sich die Energie auf 4000 kWh. Allerdings, bei der maximal geplanten Leistung von 5 kW, wäre theoretisch in den 8760 Stunden eincs Jahres eine Energie von 43200 kWh zu erwarten – erreicht wurde ein Zehntel davon!

Dir durch Photovoltaik gewonnene elektrischen Energie in ganz Deutschland, im Vergleich zu der Elektroenergieproduktion mittels Kohle, Gas, Wasser- und Atomkraftwerken ist abhängigkeit von der Tageszeit. Wenn die Sonne Tag und Nacht bei maximaler Intensität scheinen würde, wäre der Beitrag der Photovoltaik erhcblich.

Wie macht das aber die Sonne überhaupt? Bei den Pflanzen trifft die Sonne erstmal auf Chlorophyll und aktiviert es. In der Photovoltaik ist es ähnlich: Sonne trifft Silizium!

Silizium ist überall. Silizium mit zwei Sauerstoffatomen bildet die Abermilliarden von Sandkörnchen in den Wüsten und an den Stränden der Erde. In gleicher Kombination mit dem Sauerstoff wird Silizium als Glas verwendet: Glas für den Wein, Glas für die Fenster, Glas für das Treibhaus. Und wie für das Treibhaus, so auch für die Warmwassermodule (Solarkollektoren) in den photothermischen Anlagen zur Warmwasserbereitung. Eine Glasfläche lässt Sonnenstrahlen im Wellenlängenbereich des Lichtes durch. Wenn die Sonnenstrahlen jedoch einen Teil ihrer Energie, als Wärme, dem Raum oder den Pflanzen hinter der Glasfläche übertragen haben, ist ihre Intensität geschwächt und die Schwingungen ihrer elektromagnetischen Wellen werden langsamer. Das Silizium mit seinen zwei Sauerstoffatomen ist aber zu starr für solche Schwingungen und lässt sie teilweise nicht mehr hinaus. Und so wird alles hinter der Scheibe wärmer und wärmer, falls das entsprechende Volumen gut isoliert ist.

In einer photovoltaischen Zelle hat das Silizium keine Sauerstoffatome, dafür aber andere Partner. Im Jahre 1839 hat der französische Physiker Becquerel festgestellt, dass *„durch Licht eine Freisetzung von (elektrischen) Ladungsträgern vorkommen kann"*. Ein Elektron kann sich demzufolge von einem Atom lösen, wenn es energiegeladene Photonen vom Sonnenstrahl gefressen hat.

Und damit kann man viel anfangen!

Die obere Siliziumschicht einer photovoltaischen Zelle ist mit Elektronenspendern, meist Phosphoratomen durchsetzt. Das ergibt einen Elektronenüberfluss in der Struktur der oberen Schicht. Die untere Siliziumschicht wiederum ist mit Bor-Atomen durchsetzt und hat infolgedessen Elektronenmangel, also Löcher in der Struktur der unteren Schicht.

Interessant ist aber die Zwischenschicht, als Grenzgebiet zwischen Elektronenüberfluss in Elektronenmangel: Dort sitzen zwar Elektronen in Löchern, sie sitzen aber wie in Startlöchern, bereit, irgendwohin zu starten sobald es nur einen Impuls gibt. Und jetzt kommen die Lichtstahlen ins Spiel: Sie prallen auf die obere Schicht der photovoltaischen Zelle, ihre Photonen, vollgeladen mit Energie, drängen bis zur Grenzschicht der Zelle und geben den Elektronen in den Startlöchern den willkommenen Impuls. Sie zischen nach oben, zur Zellenoberfläche hin. Diese Bewegung entwickelt sich als eine wahre Kettenreaktion, in der Mittelschicht entsteht ein Elektronensog, die untere Schicht liefert Elektronen dahin und hat dadurch noch mehr Löcher.

Zwischen der oberen und der unteren Schicht entsteht somit eine elektrische Spannung, die man durch entsprechende Kontakte an der Oberseite und an der Unterseite abzapfen kann. Die Kontakte werden über Leitungen mit einem Verbraucher verbunden, es kann eine Glühbirne oder ein Elektromotor sein. Die Elektronen von der Oberschicht strömen durch den Verbraucher dann zur unteren Schicht und so schließt sich der Kreis wieder. Dann kommen wieder die Lichtstrahlen mit energiegeladenen Photonen durch die Oberschicht bis zur Grenzschicht und das Spiel beginnt von neuem.

Der Prozess ist aber in dieser vertikalen Ebene irgendwann gesättigt, in der oberen und in der unteren Schicht haben Elektronenüberfluss und Elektronenmangel in der Struktur eine physikalische Grenze. Dann braucht man eben mehr solche „Schächte" auf der horizontalen Ebene, also mehr Fläche mit photovoltaischen Zellen.

Dass die Energieflussdichte der Sonnenstrahlung in der Erdatmosphäre selbst zwischen Null und 1000 Watt je Quadratmeter schwankt wurde bereits erwähnt. Von photovoltaischen Zellen erwartet man aber, dass

sie die 1000 Watt, also 1 kW Leistung, auf einem Pa-
neel mit 1 Quadratmeter Fläche schafft. Das funktioniert aber leider nicht. Selbst mit reinem monokristal-
linem Silizium ist der Wirkungsgrad des
beschriebenen Prozesses nicht höher als 24%. Man
bräuchte also 4,17 Quadratmeter Paneele um bei maximaler Sonnenstrahlung 1 Kilowatt Leistung zu erreichen. In der Praxis sind es aber 5 bis 10 Quadratmeter,
die Siliziumkristalle sind eben nicht absolut rein, oft
werden auch die preiswerteren Polykristalle verwendet. Im Vergleich mit dem Heizwert eines Kraftstoffes
wie Benzin, Diesel oder Ethanol ist das sehr wenig.

**These 26: Zehn Quadratmeter photovoltaische Pa-
neele können an einem Sommertag mit 8 Stunden
voller Sonnenstrahlung so viel Energie liefern (8
kWh) wie 1 Liter Benzin oder wie 1,7 Liter Ethanol
aus faulen Äpfeln oder aus Pflanzenresten, das wären vier Liter vierzigprozentiger Schnaps.**

In der Welt werden sehr großflächige und sehr kleine
photovoltaische Anlagen installiert. Um sie immer ins
beste Licht zu setzen verwenden Betreiber, Verkäufer
und Öko-Militanten entsprechend der Größe passende
bombastische Maßeinheiten, die kaum ein Laie ver-
steht – für die Leistung: Kilowatt, Megawatt, Giga-
watt; für die Energie die pro Jahr daraus resultiert: Ki-
lowattstunde, Gigawattstunde, Terawattstunde, aber
auch Exajoule und Petajoule, und sogar Megatonnen
Öleinheiten (1 MTOE ist das Gleiche wie 11,63 Tera-
wattstunden). Mit Billiarden von Kilokalorien hat noch
keiner angefangen, es ist aber nie zu spät. Es kostet
schon etwas Zeit und Mühe solche Daten zu zentrali-
sieren, zu vereinheitlichen und nach objektiven Krite-
rien auszuwerten.

Ein erstes, sehr pragmatisches Kriterium ist das Verhältnis der Energie die in einem Jahr, bei Wind und Wetter, durch Sommer und Winter, durch Tag und Nacht gesammelt wurde zu der installierten und erhofften Leistung der Anlage. Der beste Integrator von Energie und Leistung ist der Planet selbst! Im Jahre 2018 gab es auf der Welt photovoltaische Anlagen mit einer unter Normbedingungen gerechneten Peak-Leistung von 500.000 Megawatt. Sie erbrachten in dem Jahr eine gesamte elektrische Energie von 600 Milliarden Kilowatt-Stunden (kWh). Im Vergleich: mit Kohle wurden 2018 in der Welt 9851 Milliarden kWh und mit Gas 5890 Milliarden kWh produziert, also insgesamt mit Kohle und Gas 15.471 Milliarden kWh. Die elektrische Energie die photovoltaisch generiert wurde macht demzufolge 3,8% der Elektroenergie aus Kohle und Gas aus. Im Vergleich mit allen Energieträgern die für Stromproduktion verwendet wurden sind es dann nur noch 2,3%.

Interessant ist aber auch ein anderer Aspekt: Wenn die 500.000 MW durchgehend über das ganze Jahr hätten erreicht werden können, so wäre die gesamte produziert Energie 4380 Milliarden kWh. 600 Milliarden kWh (Ist) durch 4380 Milliarden kWh (Soll) ergeben eine Effizienz von 0,137.

These 27: Die über den Tag, über die Breitengrade und über die Jahreszeiten schwankende Sonnenstrahlung auf allen photovoltaischen Anlagen der Welt ergibt im Jahresdurchschnitt eine globale Strahlungseffizienz von 13,7%.

Als Vergleich, In Deutschland gab es in demselben Jahr 2018 photovoltaische Anlagen mit einer unter Normbedingungen gerechneten Peak-Leistung von

45.500 Megawatt. Sie erbrachten in dem Jahr in Deutschland eine gesamte elektrische Energie von 45,7 Milliarden Kilowatt-Stunden (kWh). Die Strahlungseffizienz in Deutschland im Jahr 2018 beträgt demzufolge 11,4%. Das ist weniger als die globale Effizienz von 13,7%, was durch den Breitengrad erklärbar ist. Die größten photovoltaischen Anlagen der Welt sind in sehr sonnigen Regionen gebaut worden.

In Benban, Ägypten wurde in der Wüste nahe Assuan eine photovoltaische Anlage mit einer errechneten Peak-Leistung von 1800 Megawatt gebaut (earthobservatory.nasa, 10/2019). In Abu Dhabi ist eine Anlage mit 1177 in Bau, in Longyangxia, China, in der Wüste nahe der Stadt Hainan, wurde auf 2700 Hektar eine photovoltaische Anlage mit 850 Megawatt gebaut (2017), die nach chinesischen Angaben die Versorgung mit Elektroenergie für 200.000 Wohnungen absichert. Umgerechnet auf Basis der globalen Strahlungseffizienz 2018 als Richtwert resultiert daraus eine elektrische Energie von rund 700 kWh pro Haus und Jahr. Der Richtwert für Deutschland ist, im Vergleich, 8.000-14.000 kWh für ein Einfamilienhaus mit 4 Personen, mit einer eigenen Solaranlage mit einer Peak-Leistung von 6 kW.

In China wird derzeit (02/2020) eine weitere große Anlage mit 2000 MW gebaut. In Kamuthi, Indien, gibt es eine Anlage mit 648 MW, in Kalifornien, USA, den Topaz-Solar-Park mit 579 MW, aus 1,7 Millionen Solar-Paneelen. Die größte Solaranlage in Deutschland (07/2019) befindet sich in Brandenburg und hat eine Peak-Leistung von 145 MW.

Nach der Wüste macht sich die Photovoltaik aber auch auf dem Meer Platz: In China entstand eine „schwimmende Photovoltaik Anlage" mit 40 MW. Die 132.400 Paneele nehmen auf dem Wasser eine Fläche von 93 Hektar ein. Wegen der besseren Kühlung der Zellen hat diese Anlage einen höheren Wirkungsgrad als jene auf dem Erdboden.

In Europa, ob in Italien oder in Deutschland, spricht man neuerdings über die „Agrophotovoltaik". Es gibt bereits Anlagen mit senkrecht stehenden Paneelen auf dem Acker, dazwischen wachsen Möhren, Kartoffeln und anderes Gemüse. Es wird sogar gemeint, dass sie besser als sonst wachsen, auf Grund der Lichtstrahlung, die von den Paneelen reflektiert wird. Die zweite europäische Variante ist jene mit Paneelen auf einer bestimmten Höhe über den Weiden, so, dass die Schafe darunter ungestört ihr Gras fressen können. Solche extravagante Einzellösungen in Gebieten mit intensiver Landwirtschaft und eher moderater Sonnenstrahlung, wie in Europa, sind interessante Vorzeigeprojekte mit einem zu geringen Anteil an der Energieproduktion des jeweiligen Landes.

Sinnvoll erscheint dagegen, wie in den gezeigten Beispielen, der Bau großer Photovoltaik-Anlagen in Wüsten und in Gebieten mit besonders kräftiger und langdauernder Sonnenstrahlung, wie in Australien, Kenia, Ägypten, China, Dubai, Indonesien, Nevada oder Kolumbien.

Sie können über kurze Stromnetze die meist existierenden Netze in benachbarten Großstädten mit elektrischer Energie in Strommix effizient versorgen, ungeachtet der Fluktuation über den Tag und in Abhängigkeit vom Wetter.

Neben den großflächigen Anlagen erscheinen die einzelnen, hauseigenen Anlagen in Europa und sonst wo auf der Welt als sinnvoll und effizient. Eine Anlage mit etwa 35 Quadratmetern auf dem Dach eines Einfamilienhauses in Deutschland liefert bei der Sonnenstrahlung eine elektrische Energie von 8.000-14.000 kWh pro Jahr, die für eine vierköpfige Familie normalerweise ausreichend ist. Dabei ist zu beachten, dass wegen der Fluktuation der Sonnenstrahlung, insbesondere im Tag-Nacht-Rhythmus, ein Stromspeicher unbedingt erforderlich ist. Meist werden dafür Blei-Batterien, neuerdings Lithium-Ionen-Batterien, wie in den Elektroautos, verwendet.

Sehr oft werden, leider, zukunftsorientierte Techniken, insbesondere im Bereich der Energie oder der Automobilantriebe als universelle Ansätze mit Weltrettungscharakter betrachtet. Alle Alternativen haben dann auf einmal nur gravierende Nachteile. Und wenn die neue Technik doch noch Probleme hat, so werden diese in wahrhaftigen Science-Fiction-Szenarien übergangen. So auch mit der Photovoltaik.

Die Fluktuation der produzierten Elektroenergie über den Tag oder über die Jahreszeit ist kein Nachteil an sich, sondern eine natürliche Gegebenheit, aus der man das Beste machen kann. Die Platzierung einer Großanlage nahe an dem großen Stromnetz einer Stadt war so ein Kompromiss, die kleine Anlage auf dem Haus, komplettiert mit einer Batterie mit vertretbarer Kapazität, das andere.

Aber die Idee, dass man bei dem sehr schwachen Ertrag im Vergleich mit einem Energieträger wie Ethanol aus Pflanzenresten die Photovoltaik-Beteiligung an der

Elektroenergie der Welt von den jetzigen 3% auf 30 bis 50% erhöhen kann, ist sehr übertrieben.

Natürlich könnte man dafür alle Wüsten der Welt mit photovoltaischen Anlagen säen, warum nicht, sie stehen sowieso leer und die Menschenorte sind meistens sehr weit.

Und was passiert mit der Fluktuation der Energie über Tag und Nacht, und wie transportiert man diese Energie aus der Wüste nach Berlin oder nach New York? Man spricht über Tausend-Kilometer-Trassen von Leitungen - in Deutschland debattiert man beispielsweise darüber schon sehr lange, im Zusammenhang mit Wind- und Solarparks, bisher ohne klare Ergebnisse. Man spricht über gigantische Batterien – gerade in der Wüste, bei 50°C, gut, man kann dann eine große stromfressende Klimaanlage daneben setzten, wie einfallsreich! Der tollkühnste Einfall ist aber ein anderer: Man könnte doch den Strom vor Ort für Wasserelektrolyse nutzen (wenn man genug Wasser in der Gegend hat) um Wasserstoff zu produzieren. Den Wasserstoff, als kohlendioxid-emissionsfreien Energieträger kann man dann über Tausende von Kilometern mit Riesenlastern, wie die 50 Meter langen Roadtrains, von Australien nach Europa oder sonst wohin transportieren. Mit Wasserstoff kann man dann Brennstoffzellen betreiben, und so weiter. Das Ganze hat nur einen Haken: Wasserstoff hat als Gas eine 15-mal geringere Dichte als die atmosphärische Luft. Ein Beispiel, wohin das führt: In einem 60 Liter Automobiltank bei atmosphärischem Druck und bei 40°C würden sich im Tank 4,6 Gramm Wasserstoff befinden, mit einem Heizwert, der 14 Gramm Benzin entspricht. Man kann natürlich den Wasserstoff bei 600-900 bar komprimieren, oder auf minus 253 °C kühlen, wie in Brennstoffzellen-Autos. Der Roadtrain durch die Wüste würde dann entweder zur fahrenden Bombe oder zur mobilen Groß-Kältekammer. Sicher, es bleibt auch die Idee mit der Pipeline, wie Nordstream 2. Klingt utopisch, ist utopisch: Mit der geringsten Dichte aller Elemente bräuchte dieses Gas Leitungen mit extrem großen Durchmessern, gerade bei hohen Temperaturen, um in einem Volumenstrom etwas Massenstrom noch transportieren zu können. Andererseits zündet Wasserstoff bereits bei 4% Konzentration in der Luft. Eine kleine Undichtheit in der Leitung bei 40°C in der Wüste würde eine Katastrophe verursachen.

Es ist unbestritten, die Menschen auf der Erde brauchen unbedingt emissionsfreie photovoltaische Energie. Sie ist aber kein Universalmittel, sondern eine gute Ergänzung in einem sinnvollen Energiemix.

Die Sonne kommt an die Atmosphärengrenze mit einer Ladung von 1347 Watt pro Quadratmeter, innerhalb der Atmosphäre bleiben daraus nur 1000, die Solarpaneele halten davon nur 100 bis 200 ab, über das Jahr, bei allen Schwankungen, bleiben davon nur 12 bis 14 Watt pro Quadratmeter. Von Tausend auf zwölf, das sind 1,2%.

Wir brauchen aber diese Prozente, koste es was es wolle. In dieser Analyse wurde bewusst nichts über Preise gesagt, die eigentlich vernünftig sind – es geht grundsätzlich um die Einsparung anthropogener Kohlendioxidemissionen, seien es auch nur wenige Prozente.

**These 28: In den Wüsten der Welt, als Elektro-
energie-Versorger naher Großstädte und auf Familienhäusern in der ganzen Welt, als dezentrale
Stromversorgung, ist die Photovoltaik besonders
effizient. Aber ganze Städte und Felder damit zu
bedecken wäre weder effizienzsteigernd noch menschenfreundlich. Berlin braucht kein „Unter den
Kästen", die Linden sind schöner!**

11.2 Die Windkraft

Welche Kraft? Kraft allein genügt nicht, wir brauchen
Arbeit für die Generatoren, die Strom produzieren
müssen. Arbeit bedeutet Kraft multipliziert mit dem
Weg auf dem sie erbracht wird. Diese Arbeit entsteht
als Umwandlung der kinetischen Energie die der Wind
mit sich bringt. In dieser Energie spielt die Masse der
Luft (Kilogramm) und die Geschwindigkeit des Windes im Quadrat, also mit sich selbst multipliziert (Meter pro Sekunde mal Meter pro Sekunde), die entscheidende Rolle.

Das reicht aber auch nicht, um die Arbeit zu erfassen,
der Wind bläst mal in die Windmühle und mal nicht,
wo bleibt die Arbeit? Es wird sinnvoller, über eine momentane Arbeit zu sprechen (Joule pro Sekunde), also
über einen Arbeitsstrom, der nichts anderes als eine
momentane Leistung ist (Joule pro Sekunde ist gleich
Watt). Am Jahresende kann man jede große oder
kleine Leistung an einem bestimmten Moment über die
Anzahl der Sekunden oder Stunden im Jahr zusammenaddieren (Watt-Stunde oder Kilowatt-Stunde), so

kommt die Arbeit als gemittelte Energie über das ganze Jahr zum Vorschein.

Die momentane Leistung ist einfach aus der Luftgeschwindigkeit im Quadrat und der Luftmasse (Kilogramm) durch ihren Bezug auf Zeit ableitbar, das ist ein Massestrom (Kilogramm pro Sekunde). Der Massenstrom kann als Produkt von Luftdichte, Luftgeschwindigkeit und deren Angriffsfläche (der Rotor des Windrades) ausgedrückt werden. Und so erscheint in dem Produkt der Leistung zum dritten Mal die Luftgeschwindigkeit! Dafür war diese ganze Theorie notwendig, sie zeigt einen sehr sensiblen Punkt der Leistung eines Windrades:

These 29: Die momentane Leistung eines Windrades ist von der Windgeschwindigkeit hoch drei abhängig. Zwischen 5,4 km/h und 25 km/h steigt die momentane Leistung, bei gleicher Luftdichte, um das Hundertfache.

In Deutschland beispielsweise wurden nach DIN 1055-4 vier Windzonen definiert, die sich von einer maximalen Windgeschwindigkeit von 81 km/h (Zone I, Deutschland Mitte und Südwesten) bis zu 108 km/h (Zone IV, Küsten in Norddeutschland) erstrecken.

In der Geschichte haben die Menschen den **Wind** vermutlich so lange wie das **Feuer** genutzt, um eine **Energie** für sich zu gewinnen – vom Feuer in Form von Wärme, von dem Windrad in Form von Arbeit. Die erste Erwähnung von Windmühlen ist in babylonischen Schriften vom 18. Jahrhundert v. Chr. zu finden. In Europa waren Windmühlen im 9. Jh. in England, im 11. Jh. in Frankreich sowie im 13 Jh. erwähnt, im 19.

Jh. gab es auf dem Kontinent bereits über hunderttausend davon, 9.000 allein in Holland. Manche dieser Windmühlen erzielten Leistungen bis zu 30 Kilowatt. Die erste Windkraftanlage zur Stromerzeugung erschien im Jahre 1887 in Schottland. Ein Jahrzehnt später wurden in Dänemark aerodynamische Flügelprofile entwickelt, mit denen die Anzahl der Rotorblätter stark reduziert werden konnte. Die großangelegte Nutzung von Windkraftanlagen begann nach den historischen Ölkrisen der 1970er Jahre.

Die von diesen Ölkrisen verursachte Umorientierung der Energiewirtschaft zahlreicher Länder der Erde in Richtung regenerativer Energiequellen hat, unter anderen Maßnahmen, wie zum Bespiel der sehr verbreitete Bau von elektrischen Automobilen durch große Automobilkonzerne, auch den Bau von Windkraftanlagen erheblich vorangetrieben.

Seitdem schießen onshore (auflandige) Windanlagen wie die Pilze aus dem Boden, allein in Deutschland gab es Ende 2019 rund 30.000 davon (Statista 2020). Auf dem Wasser, also offshore (vor der Küste), gibt es inzwischen weltweit auch mehr als 5500 Windräder (11/2019).

Onshore-Windkraftanlagen erreichen Leistungen zwischen 2 und 5 Megawatt (MW), die offshore-Anlagen haben allgemein den besseren Wind, was Luftdichte und -geschwindigkeit anbetrifft, deswegen liegt ihr Leistungsspektrum auch höher, bei 3,6 bis 8 MW.

Die Leistung allein ist aber ein quantitatives, kein qualitatives Kriterium. Die energetische Effizienz eines Windrades muss sich mit jener einer photovoltaischen Zelle messen können: Wenn die Sonne mit 1000 Watt pro Quadratmeter Zellfläche einfällt, und davon nur 100-200 Watt umgesetzt werden können, wie steht es mit der vom Wind erbrachten Leistung auf der Wind-rad-Kreisfläche?

Zu der flächenbezogenen Leistung von Windrädern gibt es stark auseinandergehende Angaben. Das ist kein Wunder in Anbetracht dessen, dass die Luftge-schwindigkeit hoch drei berechnet wird, weswegen kleine Böen große Wirkungen haben können. In einer theoretischen Studie von 2015, die gelegentlich in Schriften über Windräder zitiert wird [2], erscheint als Rechenergebnis 1 Watt pro Quadratmeter als obere Grenze. *Das nimmt jedem Windradfan den Wind aus den Segeln!* Zugegeben, diese Simulation war nicht für ein Rad, sondern für eine ganze Wind-Farm vorge-nommen, wobei die Windbewegungen auf einem Ge-biet von 100.000 Quadratkilometern in Kansas, USA, zu Rate gezogen wurden. Es ist zu lesen, dass der Wind hauptsächlich vom Himmel, also vertikal, fällt und sich auf dem Boden nur verwirbelt, weswegen die ho-rizontalen Geschwindigkeitskomponenten eher ver-nachlässigbar sind. Wenn man das in Bremen, Deutschland, bei einem Seitenwind von 108 km/h hö-ren würde! Zugegeben, in dem Windpark zählen nicht nur die Flächen vor den Windradrotoren. Tatsache ist auch, dass, je mehr Räder in einem Windpark stehen, desto weniger Leistung jedes davon erbringt, und zwar aufgrund der Luftbremsung durch die Rotorflügel. Und dennoch: Simulationsexperten sollten, genauso wie angehende Ingenieure, wenigstens ein Semester Praktikum in der realen Wirtschafts- oder Industrie-welt absolvieren!

Der offshore-Windpark Walney, Großbritannien, besteht aus 2 mal 51 Siemens-Windkrafträdern mit jeweils 3,6 Megawatt, die auf dem Wasser eine Gesamtfläche von 73 km^2 einnehmen. Der Abstand zwischen den einzelnen Rädern, die in Reihen geordnet sind, beträgt 749 bis 958 Meter. Die Gesamtleistung aller Räder von 367,2 MW durch die Gesamtfläche von 73 km^2 ergäbe bei dauernder Volllast 5 Watt pro Quadratmeter. Dabei wurde nicht nur die Fläche vor jedem Rad, sondern auch die Wasserfläche zwischen den Rädern in Betracht gezogen, um die Effizienz eines solchen Windparks insgesamt bewerten zu können.

Andererseits bläst der Wind nicht das gesamte Jahr über mit der Geschwindigkeit, die für die maximale Leistung eines Rades zu Grunde gelegt wurde. Und so kamen die Volllaststunden ins Spiel: Diese „Volllaststunden" während eines Jahres, multipliziert mit der theoretischen maximalen Leistung, müssen die gleiche Energie ergeben, die im tatsächlichen Betrieb mit den geschwindigkeitsabhängingen Lastschwankungen in allen 8760 Stunden jenes Jahres erreicht wurde. Je nach Standort und Anlagenausführung kommen Windräder auf 1400 bis 5000 Volllaststunden im Jahr. Bei 8760 Stunden pro Jahr resultiert daraus ein Nutzungsgrad von 16% bis 57% *(Die globale Strahlungseffizienz in photovoltaischen Anlagen lag entsprechend der These 27 bei 13,7 %).*

Onshore-Anlagen in Deutschland erreichten im Durchschnitt der letzten Jahre rund 1640 Volllaststunden. Es wird damit gerechnet, dass zukünftig die Onshore Anlagen durchschnittlich 2250 Volllaststunden und die Offshore-Anlagen 4500 Volllaststunden erreichen

werden [3]. In den USA erreichen Onshore-Windkraftanlagen 2600 - 3500 Volllaststunden, das entspricht einem Nutzungsgrad von 30 - 40% [4]. Es wird neuerdings versucht, die Schwankungen der
Windgeschwindigkeit mittels „Schwachwindanlagen"
mit besonders großen Rotorfläche, um 5 m²/kW, zu
kompensieren, wodurch die Anzahl der Volllaststunden bis etwa 4000 zunimmt.

Ein Vergleich der Leistungserträge pro Quadratmeter
zwischen photovoltaischen Anlagen und Windrädern
erscheint an dieser Stelle als angebracht: Wie nutzen
wir besser die Flächen in der Zukunft, mit Solaranlagen oder mit Windrädern?

Die sehr moderne Windkraftanlage Onshore GE Modell Cypress (02/2020) hat eine maximal errechnete
Leistung von 5,3 Megawatt und einen Rotordurchmesser von 158 Metern, das entspricht einer Windströ-
mungsfläche vor dem Rotor von 19.596 Quadratmetern. Daraus resultieren 265 Watt pro Quadratmeter.
Die Windkraftanlage Vensys, mit 5,6 MW Nennleistung und 170 Metern Rotordurchmesser erreicht rund
240 Watt pro Quadratmeter. Auf der anderen Seite, die
photovoltaischen Anlagen erreichen 100-200 Watt pro
Quadratmeter. Die Effizienz der Sonnenstrahlung über
das Jahr, vergleichbar als Kriterium mit den Volllaststunden bei Windkraftanlagen, lag 2018 im Weltmaßstab bei 13,7%, in Deutschland bei 11,4% (errechnet
aus der gesamten photovoltaischen Energie und aus
der gesamten photovoltaischen Nennleistung in
Deutschland, 2018).

These 30: Windkraftanlagen haben gegenüber photovoltaischen Anlagen sowohl eine um 1.5 bis 2-mal höhere flächenbezogene Maximalleistung, als auch eine um 1,5 bis 2-mal höhere zeitliche Effizienz (Strahlungseffizienz/Volllaststunden).

Wenn es bloß nicht die verdammten Kernkraftwerke gäbe, die alle angeblich nicht haben wollen, und trotzdem für ihren täglichen Strom brauchen! Das Kernkraftwerk Isar 2 bei München hat eine Leistung von 1485 Megawatt (Wikipedia: Kernkraftwerk Isar) und arbeitet fast durchgehend (96%) bei dieser Leistung, das erbrachte im Jahr 2019 eine Energie von 12 Milliarden Kilowatt-Stunden. Im offshore-Windpark Walney arbeiten 102 Windräder, jedes mit 3,6 Megawatt, bei durchschnittlich 2000 Volllaststunden pro Jahr, daraus resultiert eine Energie von 7,2 Millionen Kilowatt-Stunden.

12 Milliarden Kilowattstunden mit einem Kernkraftwerk gegenüber 7,2 Millionen Kilowatt-Stunden mit einem Windpark? Das ist ein ziemlich beachtliches Verhältnis von 1667 zu 1!

These 31: Die Energie, die das Kernkraftwerk Isar 2 bei München pro Jahr erbringt, (welches 2022 stillgelegt werden soll), könnte mit 1667 Offshore Windrädern kompensiert werden, das wären 16 Offshore Windparks mit jeweils 102 Windrädern, ähnlich Walney vor der Küste Großbritanniens.

Andere Vergleiche sind noch schärfer: *„Wenn die ganze Fläche Deutschlands mit Windparks in 8 Kilometern Abstand voneinander übersät wäre, so würde die Bundesrepublik ein Viertel ihrer elektrischen Ener-*

gie absichern können", so die Tagespresse. Die Journalisten lieben die Sensation wie die Theoretiker die Simulation, die Realität ist aber oft ganz anders. In Deutschland wurden im Jahr 2019 bereits über 21% des Stroms durch die bereits bestehenden 30.000 onshore-Windkraftanlagen und die 1464 offshore-Windkraftanlagen erbracht.

Die Windenergie sicherte im Jahre 2019 über 8% des Elektroenergiebedarfs der Welt (Angabe von Global Wind Energy Council - GWEC).

Zum gesamten Primärenergieverbrauch der Welt trug die Windenergie aber nur 0,6 % (Angabe von Statistical Review of World Energy, 2017) bei.

Die Windparks nehmen aber weltweit zu, die Energieerzeugung ohne anthropogene Kohlendioxidemission braucht unbedingt die Windkraft, neben den anderen Alternativen zu den fossilen Energieträgern.

Weltweit hat, laut Statista, der Anteil der Windkraftanlagen an der Produktion der Elektroenergie zwischen 2015 und 2019 von 15,5% auf 21,7% zugenommen.

In China, weltweit größter Emittent von Kohlendioxid, mit 28%, nimmt der Ausbau der Windenergie deutlich zu: Die installierte Windanlagen-Leistung stieg zwischen 2015 und 2019 um 40%, von 145 GW auf 217 GW, in Deutschland, im gleichen Zeitraum um 24% auf über 61 GW. Die USA hatten 2020 eine installierte Windanlagen-Leistung von 113 GW, für 2030 werden 224 GW, also etwa wie in China 2020 erwartet [5].

Die Windenergie-Anlagen schießen wirklich wie Pilze aus dem Boden, obwohl sie so groß und so schwer sind. Die im Jahr 2020 von General Electric als welt-größte onshore-Anlage präsentierte „Cypress", mit einer Maximalleistung von 5,5 Megawatt hat einen Rotordurchmesser von 158 Metern, die Länge jedes der 3 Rotorblätter beträgt 77 Meter. So ein Rotorblatt würde auch kein Roadtrain auf der Straße bis zum Montageort transportieren können, dafür sind Spezialschlepper notwendig. Die Nabenhöhe dieses Windrades kann zwischen 101 und 161 Meter betragen. So ein Koloss braucht ein entsprechendes Fundament: Es wiegt 3500 Tonnen besteht aus Beton und Stahl, geht 4 Meter in die Erde und hat bis zu 30 Meter Durchmesser. Die Windradanlage selbst wiegt auch 3500 Tonnen. Das macht insgesamt 7000 Tonnen.

Das hat natürlich auch seinen Preis, man spricht von 1600 Euro pro Kilowatt, das wären bei 5,5 Megawatt 8,8 Millionen pro Stück. *Die Kosten zählen aber nicht, man will doch die Welt retten!*

Ein interessanter Aspekt ist *die Rotordrehzahl* einer Windenergie-Anlage in diesem Leistungsbereich, die nach verschiedenen Quellen zwischen 4 und 13 Umdrehungen pro Minute (U/Min) liegt, je nach Windgeschwindigkeit. Bei 4 U/Min beträgt die Geschwindigkeit jedes der 3 Flügel an dessen Basis, also 2 Meter nach dem Mittelpunkt der Nabe, 3 Kilometer pro Stunde (km/h). An der Flügelspitze, also 79 Meter von dem Nabenmittelpunkt entfernt, beträgt die Flügelgeschwindigkeit schon 120 km/h. Wenn die Drehzahl auf 13 U/Min steigt, werden es an der Flügelbasis 10 km/h, aber an der Flügelspitze 390 km/h, was jeden Formel 1 Fahrer blass werden ließ!

Das Verdrängen der Luft mit den drei langen Schwertern bei 200-300 km/h provoziert neben Rauschen durch seitliche Reibung an der Luft auch Druckwellen durch den frontalen Kontakt der Flügelkanten mit der Luft davor: Dadurch entsteht jeweils eine lokale Luftverdichtung, die eine lokale Druckerhöhung verursacht. Eine solche Druckerhöhung pflanzt sich mit Schallgeschwindigkeit (bei 20°C sind es 1235 km/h) in die Umgebungsluft fort. Der ganze Vorgang entwickelt sich als Folge von Druckwellen mit Höhen und Tiefen, also als Schwingungen, mit einer Frequenz, die von der Rotorgeschwindigkeit abhängt. Eine zweite Quelle von Druckwellen sind die Schwingungen in jedem Schwert (Flügel) selbst, aufgrund der variablen Druckbelastung zwischen Basis und Spitze, bei den Geschwindigkeiten die sich, je nach Drehzahl und Stelle auf dem Flügel, von 2 auf 120 km/h , beziehungsweise von 10 auf 390 km/h ändert. Die dritte Quelle der Schwingungen ist der Mast selbst, der die schweren rotierenden Flügel in Höhe von 161 Metern trägt. Diese Schwingungen haben aber eine andere Frequenz als jene der Luftdruckwellen vor den Flügelkanten und als jene der Flügel über ihre Länge. Ein Windrad wird auf dieser Weise zum kleinen (obwohl so groß) Symphonieorchester. Die Menschen in der Umgebung hören zum Teil solche Schwingungen, zu einem anderen Teil fühlen sie welche.

Die Musik hat für Menschen, aber auch für die Tierwelt, einen natürlichen Grundton, der durch seine Frequenz definiert ist – 432 Hertz, oder 25.920 Schallwellenspitzen pro Minute. Das ist die Resonanzfrequenz der Zellen in den Körpern von Menschen und Tieren. Über den eindeutigen Einfluss auf die Pflanzen und Bäume wird an dieser Stelle nicht eingegangen.

Die Musikfrequenz, die allgemein die Seelen von Menschen erreicht, ist jene der Glocken von Tibet, jene von Verdi, John Lennon oder Enya. Auf einer internationalen Fachkonferenz über die Frequenz des Grundtons in der Musik, im Jahre 1939, wurde der bis dahin übliche Ton von 432 Hertz auf 440 Hertz erhöht und als universell geltende Norm festgelegt. Das passte besser für Sieger-Märsche, was für jene Zeit und ihre Gesetzes-Geber sehr wichtig war. Ansonsten kann dieser erhöhte Grundton eher reizen. Luciano Pavarotti selbst hat vehement verlangt, die alte Norm wieder einzuführen, leider ohne Erfolg. Es wurde in einschlägigen Studien auch nachgewiesen, dass der Grundton auf 432 Hertz ein Gleichgewicht zwischen den zwei Gehirnhälften eines Menschen schafft. Es gibt zahlreiche Musikwerke, die auf beiden Grundtonhöhen gespielt werden – ein Experiment diesbezügliches wäre für jeden Leser dieses Kapitels sehr empfehlenswert.

Sowohl die Konzentrationsperioden als auch die kreativen Phasen kann man mit Musik stimulieren – von Heavy Metall, Hard Rock und Jazz bis Reggae, Soul, Country oder Oper. Das hängt sowohl von Temperament und Musikbildung des Subjektes, als auch von seiner momentanen Stimmung und Gelegenheit ab. Mit den Schwingungen eines Windrades kann man weder die Konzentrationsperioden eines Menschen noch seine kreativen Phasen stimulieren. Der Mensch kann zwar Schwingungen zwischen 20 und 20.000 Hertz akustisch wahrnehmen. Je höher sie werden, desto mehr reizen und nerven sie. Und wenn sie unter 60 Hertz fallen oder gar unter 20 Hertz? Dann hört man sie nicht mehr. Aber man fühlt sie. Und gerade in ei-

nem solchen Infraschallbereich emittieren die Windräder einen erheblichen Teil ihrer Schwingungen, neben
denen die Menschen hören können.

In medizinischen Studien wurden verschiedene Einflüsse der von Windenergie-Anlagen verursachten
Tieffrequenzen auf Menschen festgestellt: Sie verursachen auf der einen Seite eindeutige Verminderungen
der Herzmuskelkraft (Gutenberg Universität Mainz),
auf der anderen Seite die Aktivierung verschiedener
Regionen im Gehirn, die für Stress verantwortlich sind
(Universitätsklinikum Hamburg Eppendorf).

Dass dabei auch Vögel und Insekten den Rotorblättern
der Windräder auch zum Opfer fallen, sollte nicht un-
erwähnt bleiben: Das Deutsche Luft- und Raumfahrt-
zentrum hat neulich ermittelt, dass in einem Jahr 8.500
Bussarde, 250.000 Fledermäuse und 1.200 Tonnen Insekten von den Windrädern getötet wurden. Widersa-
cher meinen aber, dass die Vögel viel mehr Insekten
fressen, etwa 400.000 Tonnen in einem Jahr in
Deutschland.

**These 32: Für und Wider wird es immer und in je-
der Beziehung geben, aber insbesondere im Zusammenhang mit vielversprechenden Neuerungen.**

Die Kirche sollte man trotzdem im Dorf lassen, und
bitte keine Riesenwindmühle neben der Kirche, das
macht nicht nur den Pfarrer nervös.

Menschen sind Menschen, sie reagieren nicht nur auf
die Tieffrequenzen. Nichts dagegen, wenn Windräder
oder Windparks auf öden Feldern stehen, oder in
früheren Kohleabbau-Tagesstätten. Aber doch nicht
anstatt der Siegessäule in Berlin oder auf der Insel
Mainau am Bodensee. Und auch nicht im Sichtfeld von

Onkel Heinz, vor seiner schönen Veranda mit großem Blumen-Vorgarten. Das mag subjektiv sein, aber Menschen lieben Schönes, Harmonisches, Ästhetisches. Eine Windenergie-Anlage ist an sich all das: schön, harmonisch, ästhetisch. Aber doch nicht im Zusammenhang mit historisch gewordener Harmonie und Ästhetik, so die Meinung sehr, sehr vieler Menschen.

Will jemand aus den Champs Elysées in Paris Champs Moulinées machen?

11.3 Die Wasserkraft

Wasserkraft ist, genau wie die Windkraft, nicht der korrekte Begriff in Bezug auf das, was man davon erwartet: Die Energie des Windes oder des Wassers zu nutzen, um eine andere Energieform, hauptsächlich Elektroenergie, zu erzeugen. Man sagt aber allgemein Wind*kraft*anlage und Wasser*kraft*werk, deswegen lassen wir ihnen die Namen, wir achten lieber auf die Funktion: Wie bei den Windkraftanlagen brauchen wir von den Wasserkraftwerken Energie in Form von Arbeit für die Generatoren, die Strom produzieren müssen. Wie bei den Windkraftanlagen ist es sinnvoller über eine momentane Arbeit zu sprechen (Joule pro Sekunde), also über einen Arbeitsstrom, der nichts anderes als eine momentane Leistung ist (Watt, Kilowatt). Über eine bestimmte Zeit, zum Beispiel über ein Jahr, kann man die Leistungen zu jeder Stunde zusammenaddieren, so ist dann die gesamte Energie (Kilowatt-Stunde, kWh) ermittelbar.

Die momentane Leistung in der Turbine eines Wasserkraftwerkes wird ähnlich jener in dem Rotor eines
Windrades ermittelt: Die Grundelemente sind der Massenstrom der Luft oder des Wassers und die Energie
des jeweiligen Mediums - bei dem Wind die kinetische Energie, ausgedrückt durch die Geschwindigkeit,
und bei dem Wasser die potentielle Energie, repräsen-
tiert von Fallhöhe und Erdbeschleunigung.

Der Massenstrom ist bei dem Wind (Luft) wie bei dem
Wasser, von Dichte, Durchfluss-Querschnitt und Strö-
mungsgeschwindigkeit gegeben. Einen gewaltigen
Unterschied gibt es aber doch: Wasser hat nahezu eine
tausendfache Dichte im Vergleich zur Luft, deswegen
erscheinen bei der momentanen Leistung einer Windkraftanlage und bei jener eines Wasserkraftwerkes andere Größenordnungen:

*Die Windkraftanlage GE Cypress hat eine maximale
Leistung von 5,3 Megawatt. Das Drei-Schluchten-
Wasserkraftwerk in China hat eine maximale Leistung
von 22.500 Megawatt.*

Genauso lange wie die Menschen in ihrer Geschichte
das **Feuer** und das **Wasser** zur Gewinnung von **Energie** in Form von Wärme oder Arbeit nutzten, so lange
kam dafür auch ein weiteres Element, das **Wasser**,
zum Einsatz.

Die ersten Wassermühlen wurden vor 5.000 Jahren in
China und in Mesopotamien angewendet, so die Chro-
niken. Später, im VI. Jahrhundert v. Chr. war in Jorda-
nien ein Wasserkraftwerk für die Zerteilung von Stei-
nen beim Bau des Artemis-Tempels eingesetzt. Die
erste Wassermühle, die Strom für eine Hausbeleuch-

tung produzierte, wurde im Jahre 1878 in England gebaut. Und kurze Zeit später, im Jahre 1895, wurde oberhalb der Niagara-Fälle das weltweit erste Groß-Wasserkraftwerk für die Produktion von Wechselstrom in Betrieb genommen. Die installierte Leistung erreichte nach wenigen Jahren mehr als 78 Megawatt. 1961 wurde dieses Wasserkraftwerk durch ein neues ersetzt, dessen Leistung 2.400 Megawatt beträgt.

Das Wasser besitzt, wie die Luft, eine Energie, die im Wesentlichen aus drei Komponenten besteht: Die innere Energie, ausgedrückt durch die *Temperatur*, die Pumparbeit/potentielle Energie, ausgedrückt durch den *Druck/Fallhöhe* und die kinetische Energie, ausgedrückt durch die *Geschwindigkeit*. Solange die betrachtete Menge an Wasser oder Luft keine Energie in Form von Wärme und Arbeit mit der Umgebung austauscht bleibt ihre gesamte Energie konstant: die 3 genannten Komponenten können jedoch während eines Prozesses Energie untereinander austauschen [1].

Für die qualitative Bewertung von Prozessen aller Art, ob in Windrädern oder in Wasserturbinen, wird allgemein die Energie, so auch ihre drei Hauptkomponenten auf die Masse (Kilogramm) des jeweiligen Arbeitsmediums, Wasser oder Luft, bezogen. Das ist auch deswegen vorteilhaft, weil Wasser, wie Luft, als Arbeitsmedien nicht als feste Masse, sondern als Massenströme (Kilogramm pro Sekunde) vorkommen. Wenn man den Massenstrom mit der massenbezogenen Energie multipliziert, so resultiert daraus ein Energiestrom, das ist nichts anderes als die momentane Leistung des jeweiligen Arbeitsmediums im Windrad oder in der Turbine.

Ab dieser Stelle beginnt für das Wasser auf dem Weg zur Turbine ein faszinierendes Spiel: Stellen wir uns vor, dass das Wasser in einem solchen System keine weitere Energie mit der Umgebung austauscht, weder als Wärme noch als Arbeit. Das Wasser fällt vom Berg, weil es eine potentielle Energie in der gegebenen *Fallhöhe* hat. Diese potentielle Energie setzt sich zum großen Teil in *Geschwindigkeit* (also in kinetischer Energie) um, ein wenig *Druck* (potentielle Energie) bleibt, je nach Gegebenheiten unterwegs noch erhalten. Die innere Energie, ausgedrückt durch die *Temperatur* des Wassers bleibt allgemein unberührt davon, abgesehen von etwas Reibung, die in Reibungswärme umgesetzt wird, die meistens an die Umgebung als Verlust abgegeben wird.

Nun könnte das Wasser vom Berg direkt in die Turbine fallen. Es wäre aber ratsamer, es zunächst in einem Speicher zu sammeln, für saure Gurken-Zeiten, in denen vom Berg nichts mehr kommt. Von dem Speicher zur Turbine kann man dann eine künstliche Fallhöhe konstruieren. Nun ist das Wasser tatsächlich in der Turbine.

Es gibt mehrere Turbinenarten, wir betrachten aber jene (die Francis Turbine), die am meisten in Wasserkraftwerken eingesetzt wird. Diese Radial-Turbine arbeitet wie eine Steinschleuder in der der Prozess umgekehrt abläuft:

- Bei der Schleuder wird dem Stein durch die Rotation eine Geschwindigkeit verpasst, mit der er dann auch ins Auge des Widersachers fliegt. Bei der Turbine kommt das Wasser mit ordentlicher Geschwindigkeit von außen in den Strudel hinein.

Wegen Strömung vom Rand zur Mitte und durch Umlenkung der Wasserrichtung von waagerecht zu senkrecht, zum Ausgang der Turbine hin, wird dem Wasser der größte Teil der Geschwindigkeit (kinetische Energie) genommen.

- Diese wird in Druck umgesetzt (potentielle Energie), der auf die Flanken der Rotorschaufeln drückt. Nun sind diese Schaufeln nicht fest, sondern auf einer Achse beweglich.

- Und so gelangt diese potentielle Energie nach außen, als Drehmoment bei einer entsprechenden Rotationsgeschwindigkeit.

- Drehmoment multipliziert mit Rotationsgeschwindigkeit ergibt Arbeit. Und darüber freut sich der an der Achse angeflanschte Stromgenerator.

Alles klar?

These 33: Die *Leistung* hat für Elektrik, Wind und Wasserströmung die gleichen Wurzeln: Eine *Intensität* (elektrischer Strom, Massenstrom von Luft oder Wasser) und ein *Potential* (elektrische Spannung, Höhenunterschied, Druckgefälle, Geschwindigkeitsdifferenz).

War das nicht so in der Elektrik: Leistung ist Strom mal Spannung?

So werden auch die Wasserkraftwerke gebaut, entweder mehr massenstrom- oder mehr potentialbetont.

Ein konkretes Beispiel zeigt sowohl die Zusammenhänge zwischen Massenstrom und Höhenunterschied, als auch die Größenordnung der erreichbaren Leistung:

Zehn Eimer Wasser pro Sekunde (das sind 10 Liter, und bei der Wasserdichte von einem Kilogramm pro Liter eben 100 Kilogramm) werden von 100 Metern Höhe, über ein Rohr in eine Turbine gegossen. Massenstrom mal Fallhöhe mal Erdbeschleunigung ergeben nicht mehr und nicht weniger als 100 Kilowatt Leistung am Eingang in der Turbine! Bis zum Strom für den Nutzer werden die 10 Kilowatt über die Wirkungsgrade der Turbine, des Getriebes, des Generators und des Transformators noch geschmälert, aber nur auf 8,5 Kilowatt. Im Vergleich: Das größte Windrad der Welt, „Cypress", erbringt bei maximaler Leistung 0,265 Kilowatt pro Quadratmeter. Für die 8,5 Kilowatt, wie bei den 100 Litern Wasser die pro Sekunde von 100 Meter Höhe in die Turbine fallen, ist ein Teil der Rotorfläche von 32 m^2 erforderlich. Andererseits ergibt der Vergleich mit den besten Solarzellen, mit 200 Watt pro m^2, eine Fläche von 850 m^2, das sind rund 30x30 Meter!

Wasserkraftwerk ist aber nicht gleich Wasserkraftwerk:

Laufwasserkraftwerke werden allgemein in fließenden Gewässern gebaut, mit einer Staustufe an einem Wehr, wobei der Massenstrom bei Zufluss und beim Abfluss gleich ist. Das Potential durch eine Fallhöhe ist meistens gering, bis zu 15 Metern, deswegen wird die Leistung über den Massenstrom bestimmt, so wie in dem Wasserkraftwerk oberhalb der Niagara-Fälle.

Speicherkraftwerke bekommen das Wasser von Speichern (Stauseen oder Teiche). Zwischen dem Stausee, in einer bestimmten Tiefe die ein Druckpotential verschafft, und der Turbine wird eine diagonal verlaufende Wasserleitung mit definierter Fallhöhe gebaut.

Das ist also eine Kombination zwischen dem Druckpotential an der Zuflussstelle und dem Geschwindig-
keitspotential in der Leitung. Wasserkraftwerke mit
Fallhöhen von 25 bis 400 Metern decken Grund- und
Mittellasten der geforderten Elektroenergie und nutzen
insbesondere Francis-Turbinen, wie oben beschrieben.
Bei größeren Fallhöhen nimmt das Wasserpotential
entsprechend zu, so auch der Druck auf die Turbinen-
schaufeln. Deswegen werden in diesen Fällen nicht nur
Francis-Turbinen, diese umgekehrten Schleudern, sondern, wenn es hart wird, auch Pelton-Turbinen verwendet - das sind diese Löffel an einem Kranz in die das
Wasser von oben fällt. Damit werden oft Spitzenlasten
gedeckt.

Das Kraftwerk mit der größten Fallhöhe der Welt befindet sich in Naturns, Südtirol, – es sind stolze 1.150
Meter! Das Werk erbringt eine Leistung von 180 Megawatt.

Pumpspeicherwerke erweisen ein cleveres Wirtschaf-
ten mit Elektroenergie: Sie bestehen aus zwei Wasser-
becken auf unterschiedlichen Höhen, zwischen denen
ein Fallrohrsystem gebaut ist. Wenn die Wirtschaft der
nahen oder weiteren Umgebung Energie braucht,
strömt das Wasser von dem vollen oberen Becken über
die Turbinen in das ziemlich leere untere Becken,
treibt somit die Stromgeneratoren und deckt die Spitzenlasten ab. Und so ist irgendwann der Wasserpegel
im oberen Becken niedrig und im unteren Becken
hoch. Aber zu der Zeit genießen meist alle, Menschen
wie Fabriken, ihre Nachtruhe. Ab da wird das Wasser
von dem unteren zu dem oberen Becken hochgepumpt,
mit Hilfe des Stroms aus dem Netz, den zu der Zeit fast
niemand braucht. Und so läuft das Tag und Nacht.

Das größte Wasserkraftwerk der Welt „Drei-Schluchten", mit einer Stauseelänge von 663 Kilometern, wurde in China gebaut (Fertigstellung 2008) und hat eine Nennleistung von 22.500 Megawatt. Das zweitgrößte Werk, auch in China, geplant für 16.000 Megawatt, wird 2021 fertiggestellt. In China ist insgesamt ein Viertel der weltweiten Wasserkraftleistung installiert. Brasilien und Paraguay haben gemeinsam auf dem Rio Paraná ein Wasserkraftwerk mit 14.000 Megawatt gebaut, derzeit noch das drittgrößte der Welt.

Die größte Wasserkraft-Nation Europas ist Norwegen mit 1500 Wasserkraftwerken (2019) die 93,5% der Elektroenergie des Landes absichern.

Das Wasser liefert etwa 17% der Elektroenergie der Welt. Die Wasserkraftwerke halten andererseits bei der Stromerzeugung aus erneuerbaren Energien seit vielen Jahren den ersten Platz. Im Jahre 2015 waren fast 70% des sauberen Stroms der Welt aus Wasser, vor der Windkraft mit 15,5%. Die Photovoltaik schaffte gerade mal 5%. Die ökonomischen, technischen und ökologischen Entwicklungen in der Welt führen aber zu Tendenzen, die zum Teil als unerwartet erscheinen: In der Zeit 2015-2019 hat der Anteil der Windkraft an dem Weltstrom stetig zugenommen und fast 21% erreicht. Die Photovoltaik hat sich in dieser Zeitspanne in die gleiche Richtung bewegt und schaffte 2019 eine Verdoppelung auf mehr als 10%. Die Beteiligung der Wasserkraft zeigt dagegen einen bedenkenswerten Rückgang von den 70% auf etwa 58%. Wem schmeckt das Wasser nicht?

Die Investitionskosten sind sehr hoch und würden eine solche Anlage erst rentabel machen, wenn diese Kosten durch Stromverkauf gedeckt wären. Wenn aber der

Staat aus ökologischen Gründen dahintersteht, wie China, ist die Lage ganz anders.

Über ökologische Gründe gibt es aber auch Diskussions- und Analysebedarf: Wasserkraftwerke sind zwar atmosphärenfreundlich, weil die Energie die sie produzieren keine Kohlendioxidemission verursacht, deswegen sind sie aber nicht unbedingt naturfreundlich. Staubecken sind ein gewaltiger Eingriff in den Grundwasserhaushalt. Die Fließgewässer kommen dadurch aus dem Gleichgewicht, Flora und Fauna werden beeinträchtigt. Für den Bau von Staudämmen werden oft ganze Menschenorte umgesiedelt.

Wasserkraftwerke sind auch katastrophengefährdet, und zwar von je her:

In China, bei Nanking, wurde im Jahre 516 die größte Talsperre der damaligen Zeit (der Damm war 48 Meter hoch und 4500 Meter lang, der Stausee hatte 6700 km^2) durch Hochwasser zerstört, es gab 10.000 Tote. Zugegeben, diese Talsperre war nicht für Stromerzeugung gedacht, sondern für Überflutung feindlicher Armeen.

Die Staumauer der größten Talsperre und gleich Trinkwasserreservoir der Römer, gebaut in der Zeit Neros (54-68 n. Chr.), unweit von Rom, brach im Jahre 1305 zusammen.

In Frankreich, nahe Frejus, wurde im Jahr 1954 eine Staumauer gebaut, wodurch ein Stausee für Wasserversorgung und Bewässerung entstand. Sie brach 1959 infolge einer Flutwelle. 432 Menschen wurden dadurch getötet.

In Kalifornien brachen 3 Dämme infolge eines Erdbebens im Jahre 1971.

Der Banqiao-Staudamm in China, in den späten 1950er Jahren gebaut, hatte ein Fassungsvermögen von nahezu 50 Millionen Kubikmeter Wasser. Infolge eines Taifuns kam es zu einer gewaltigen Überschwemmung, die von den Schleusentoren nicht aufgehalten werden konnte. Der Bruch des Banqiao-Staudammes verursachte kaskadenartig den Bruch weiterer 62 Staudämme. Die Wasserwellen waren mehrere Meter hoch und strömten mit nahezu 50 km/h ins Flachland. Zahlreiche Dörfer wurden so schnell überflutet, dass keine Zeit mehr für die Evakuierung von Menschen und Tieren blieb. Über eine Million Menschen waren tagelang vom Wasser eingeschlossen, unerreichbar für jegliche Katastrophenhilfe. Durch die unmittelbaren Flutwellen starben mindestens 26.000 Menschen, weitere 145.000 starben durch Hunger und Epidemien [6].

These 34: Für eine betrachtete Gesamtleistung kann eine Anzahl von Mikro-Wasserkraftwerken ökologisch verträglicher, ungefährlicher und kostengünstiger als ein einziges, großes Wasserkraftwerk mit großem Damm, mit großem Staubecken und mit großer Fallhöhe sein.

Neuerdings werden für Flussstandorte mit geringem Wasserkraftpotential Mikro- Wasserkraftanlagen entwickelt [7]. Die kleinen mobilen Kraftwerke funktionieren ohne Aufstau von Wasser. Notwendig ist nur eine Wasser-Fallhöhe von mindestens 2,5 Metern, bei einer Gewässerbreite um fünf Metern und einer Fließgeschwindigkeit über 5 km/h. Dafür werden neue horizontale Wasserradvarianten entwickelt. Die Mikro-Wasserkraftanlagen können auch als Flotte aufgestellt werden, das eröffnet vielversprechende Wege!

12

Die letzte Waffe: Die Atomkraft

Soll die Atomkraft überhaupt noch im Zusammenhang mit der Energie für die Welt erwähnt werden? Die Augen zu verschließen und den Verstand ausschalten, indem man sie grundsätzlich ablehnt ist auch nicht zielführend. Die so genannte „Atomkraft" (*korrekt wäre es, wie auch für Wind- und Wasser-, Energie*) bringt im Vergleich mit allen anderen Energieträgern die unvergleichbar größte Energie mit dem geringsten Masseneinsatz. Dabei werden weder Kohlendioxid noch andere Substanzen emittiert, man braucht nicht viel Platz, die Kosten pro Leistungseinheit sind überschaubarer als jene von gigantischen Staumauern und unendlichen Stauseen. Zugegeben, nach den schrecklichen Katastrophen von Tschernobyl und Fukushima erscheint die Atomkraft als allerletze Waffe zur Absicherung der Energie für die Welt, eine Aufgabe, die sie im Übrigen ganz allein schaffen würde.

These 35: Wenn die Hightech-Nationen der Welt das Atomkraftwerk, diesen Typ von Präzisionswaffe, gar nicht mehr bauen wollen, so lassen sie diese Technik in den Händen verzweifelter Energiehungriger, die nur über rudimentäre Fertigungstechnologien verfügen.

© Der/die Autor(en), exklusiv lizenziert durch
Springer-Verlag GmbH, DE, ein Teil von Springer Nature 2021
C. Stan, *Energie versus Kohlendioxid*,
https://doi.org/10.1007/978-3-662-62706-8_12

Werden sie Atomkraftwerke nicht bauen, nur deswegen, weil wir sie nicht mehr bauen?

Sie werden sie bauen, aber klapprig, unsicher, gefährlich. Und wenn radioaktive Strahlung am Produktions- oder Einsatzort entsteht?

Kann man eine Strahlung aus anderen Ländern an der Grenze Deutschlands oder Italiens wie die Corona-Virus-Infizierten stoppen?

Der Nutzen von Atomkraftwerken ist eindeutig, die Gefahren müssen genau bemessen und bewertet werden, ihre Vermeidungs- oder Umgehungsmaßnahmen sollen präzise formuliert, umgesetzt oder vorbereitet werden.

Tsunami, Hochwasser, Erdbeben, Terroranschläge, Cyber-Attacken und Flugzeugabstürze können auch große Staudämme, Chemiefabriken, Batteriewerke und Wasserstoffherstellungsanlagen treffen, ebenfalls mit katastrophalen Folgen.

Im Jahre 2020 sind in der ganzen Welt 442 Atomkraftwerke mit einer Gesamtleistung von nahezu 400.000 Megawatt im Betrieb, 95 davon in den USA, 56 in Frankreich, 48 in China, 38 in Russland, 22 in Indien, 5 in Pakistan [8].

These 36: Zwischen einem Atomkraftwerk und einem Kohlekraftwerk besteht prinzipiell, von dem Prozessverlauf und von den Maschinenmodulen her, kein Unterschied. Anders ist nur die Art das Wasser, als Arbeitsmittel, zu heizen.

Das Wasser wird im Atomkraftwerk wie im Kohlekraftwerk als Arbeitsmittel in einem Kessel bis zum Verdampfen beheizt, der Dampf wird dann in einer

Turbine, die mit dem Stromgenerator mechanisch verbunden ist, entlastet und verrichtet dabei Arbeit; der Dampf nach der Turbine wird in einem Wärmetauscher gekühlt bis er wieder zum flüssigen Wasser wird; das Wasser wird mit einer Pumpe wieder zum Kessel gebracht und der Prozess beginnt von neuem.

Die Frage ist nur, wie man das Wasser im Kessel heizt. Mit Holz, mit Kohle, mit Schweröl, mit Benzin, mit Gas, mit Schnaps, mit einer elektrischen Heizspirale? Alles ist möglich, alles wurde schon probiert, nur mit dem Schnaps war man immer sehr sparsam. Und mit Wasserstoff? Das geht auch und ist nicht von Ungefähr, aber wir lassen es für ein späteres Kapitel. Was machen die Brennelemente in dem Reaktor des Kernkraftwerkes anders? Sie produzieren auch nur Wärme, mit der man das Wasser im Kessel beheizt, jedoch auf eine andere Weise.

Die Brennelemente sind ein Bündel von dünnen Brennstäben, die vom Wasser ummantelt sind. Das ist aber in einer der häufigen Kraftwerk-Ausführungsformen, dem Kraftwerk mit Druckwasserreaktor (leichter nachvollziehbar als Beispiel an dieser Stelle) ein „eigenes Wasser", nicht das Wasser als Arbeitsmittel im Kreislauf des Kraftwerks, wie vorhin dargestellt. In den Brennstäben befindet sich Uran, genauer gesagt Uranoxid. Dort erfolgt eine kontrollierte Kernspaltung, bei der die Atomkerne durch freilaufende kleine Teilchen, genannt Neutronen, bombardiert und in Splitter zerlegt werden. Die neu entstandenen Splitter fliegen explosionsartig auseinander, das ist so ähnlich wie beim Holzhacken. Mit ihrer enorm gewordenen Geschwindigkeit reiben sie sich an der Flüssigkeit in der sie eingeschlossen sind. Das ist wie bei den Meteoriten die auf der Erde fallen, sie reiben sich an der Luft in der Atmosphäre bis die Temperatur an der Kontaktstelle Tausende von Graden erreicht, wobei der Meteorit selbst verbrennt. Die heiße Flüssigkeit überträgt einen großen Teil der Wärme an das Wasser im Kessel des Kraftwerks ab, wie die Stäbe einer elektrischen Heizung. Und das war es schon.

Die Energie des verwendeten Urans ist dabei viel größer als der Heizwert von Holz, Kohle, Gas oder Schweröl, mit denen man den Wasserkessel auch heizen könnte. Ein Kilogramm Uran hat soviel Energie wie 12.600 Liter Erdöl oder 18.900 Kilogramm Steinkohle. Damit kann man über 40 Megawatt-Stunden Strom erzeugen. Ein Brennelement bleibt etwa drei Jahre im Reaktor. Danach gibt es eine Wiederaufarbeitung zu Plutonium, welches seinerseits auch viel Energie abgibt.

Und dann? Von allen derzeit arbeitenden Kernkraftwerken der Welt zusammen fallen pro Jahr etwa 12.000 Tonnen radioaktiver Abfall an, der auch Plutonium enthält [9].

Neben dem Problem der Reaktorsicherheit während seiner Funktion kommen die Entsorgung und die Endlagerung der radioaktiven verbrauchten Anteile, wie Spaltprodukte, und erbrütete Transurane wie Plutonium hinzu. Diese Anteile sind weiterhin aktiv, wenn auch nicht mit der gleichen Intensität wie im Reaktor. Sie strahlen jedoch die Energie die während der weiteren Spaltung entsteht auf Wellenlängen im Röntgenbereich des Spektrums, die für Menschen und Tiere krebserregend bis tödlich sein können. Diese Nachreaktionen dauern sehr lange, zwischen einigen Monaten bis zu einigen tausend Jahren, bei Iod-Isotopen sind es sogar Millionen von Jahren. Eine Wiederaufbereitung wäre theoretisch möglich, sie würde aber die Aktivität solcher Anteile „nur" auf einige hunderte Jahre kürzen.

Die Endlagerung solchen „Atommülls" bleibt als weltweit nicht wirklich gelöstes Problem. Lagermaterialien sind nicht in der Lage solche Stoffe dauerhaft zu binden oder zu isolieren. Sie werden oft in Glas eingeschmolzen, in Keramik eingebunden, in Beton eingegossen und in Schächten gelagert, wobei das Berggestein den sicheren Einschluss der radioaktiven Stoffe gewährleisten muss. Katastrophal wäre das Gelangen von Wasser in solche Endlager, weil dadurch mehrere Arten gefährlicher chemischer Reaktionen vorkommen könnten. Es wird derzeit über Salzstöcke, Granit und Tongestein als Endlager diskutiert. Die offene Lagerung von radioaktivem Material unter freiem Himmel ist in Westeuropa selbstverständlich gesetzlich streng verboten. Nicht verboten ist aber der „Export" solchen Atommülls nach Sibirien oder nach Kirgistan, wo die Fässer auf Parkplätzen und auf anderen Flächen unter dem freien Himmel stehen dürfen. Im Jahre 2009 wurde im Mittelmeer das Wrack eines großen Frachters mit 120 Fässern Atommüll an Bord entdeckt. Gemäß den anschließenden Ermittlungen sollen mindesten weitere 32 Schiffe mit ähnlicher Ladung im Mittelmeer versenkt worden sein.

Es werden auch Szenarien zur Endlagerung des gesamten Atommülls der Welt unter dem Eisschild der Antarktis entwickelt. Blöder geht´s nicht mehr! Oder doch?

Die Entsorgung im Weltraum, das ist die neue Schnapsidee von „Experten" aus Wissenschaft, Wirtschaft, Politik! Einfach auf Asteroiden und auf anderen

Planeten lagern – vielleicht auch auf dortigen Parkplätzen, wie in Sibirien. Die tollkühnste Idee ist aber, den Atommüll direkt in die Sonne zu schießen, so wäre er von unserer Biosphäre tatsächlich weg! Was wir dann von der lieben Sonne als Quittung für unsere Biosphäre und für unsere Flora und Fauna bekommen, soweit waren die Spinner nicht gekommen!

13

Der energetische Wasserkreislauf: Natur – Elektrolyse – Maschine –Natur

13.1 Wasserstoffherstellung und -speicherung

Faszinierend! Das Wasser wird den ganzen Energie-
hunger dieser Welt, in diesem Fall, besser gesagt, den
Energiedurst stillen! Aus dem Wasser kann man Wasserstoff gewinnen. Wenn man nur Wasserstoff sagt o-
der denkt riecht es schon nach Zukunft, am Horizont
wird alles blau, alle Menschen werden glücklich.
Wenn man den Nachbar fragt: „Heinz, kaufst du dir
jetzt, mit den so tollen Prämien von Regierung und
Händlern ein Elektroauto?", antwortet er: „Naja, ich
weiß es auch nicht, mit diesen Batterien ohne ordentli-
che Reichweite und mit dem Strom aus Kohle? Ich
warte lieber, bis die richtige Zukunftstechnik kommt,
die Brennstoffzelle mit Wasserstoff!" Er weiß nicht
genau was das ist, aber eins ist klar, Wasser wird zu
Wasserstoff gespalten, durch diese Brennstoffzelle
von der Raumfahrttechnik durchgezogen und wird
wieder zum Wasser, giftfrei, geruchsfrei, geräuschfrei.

© Der/die Autor(en), exklusiv lizenziert durch
Springer-Verlag GmbH, DE, ein Teil von Springer Nature 2021
C. Stan, *Energie versus Kohlendioxid*,
https://doi.org/10.1007/978-3-662-62706-8_13

Die ersten Autos mit dieser Technik sind schon auf der Straße, besser gesagt schon wieder auf der Straße. „Das machen uns die Japaner vor, die deutschen Ingenieure haben wieder etwas verschlafen!", so die Meinung von Heinz, so die Meinung des Volkes schlechthin. Nein, die deutschen Ingenieure haben nur den gewaltigen Vorlauf, den sie vor 10 - 20 Jahren im Bereich der Brennstoffzellen mit Wasserstoff für Automobile hatten (die Beispiele werden in diesem Kapitel nicht fehlen) nur ziemlich gebremst. Über die Gründe werden wir noch reden.

Der Wasserstoff ist wahrhaftig Gegenstand der meisten idealen Szenarien als Energieträger der Zukunft:

- Die Wasserstoff-Herstellung - ist theoretisch auf Basis der Sonnenenergie durch Elektrolyse aus Wasser möglich, wobei keine schädlichen Nebenprodukte entstehen.

- Die Wasserstoff-Nutzung – entweder durch Verbrennung in einer Wärmekraftmaschine zur Gewinnung von *Arbeit und/oder Wärme* oder durch Protonenaustausch in einer Brennstoffzelle zur Gewinnung *elektrischer Energie* – führt wieder zu dem ursprünglichen Wasser.

Diese Zukunft ist aber noch weit weg: Die Herstellung des Wasserstoffs erfolgt gegenwärtig kaum nach dem idealen, sauberen Szenario mit Elektrolyse, wofür man schon wieder Elektroenergie bräuchte – da wären wir wieder bei Photovoltaik, Wind, Wasser und Atomenergie.

Derzeit werden weltweit nur unter 2% des Wasserstoffs mittels Elektrolyse hergestellt. Der überwiegende Teil – also über 98% – wird aus fossilen Brennstoffen gewonnen. Dabei entsteht Kohlendioxid oder Kohlenstoff:

- Durch Steamreforming entsteht beispielsweise bei der Wasserstoffherstellung aus Erdgas, welches mit Wasser reagiert, neben Wasserstoff auch Kohlendioxid: Um ein Kilogramm Wasserstoff in dieser Weise zu produzieren sind 2 kg Erdgas und 4,5 kg Wasser erforderlich, neben dem Kilogramm Wasserstoff entstehen dabei auch 5,5 kg Kohlendioxid.

- Durch Cracking von Erdgas, ohne weitere Reaktionspartner entsteht 1 Kg Wasserstoff von 4 kg Erdgas, neben dem Wasserstoff fallen auch 3 kg Kohlenstoff ab.

Die Herstellung der weltweit jährlich produzierten 500 Milliarden Norm-Kubikmeter Wasserstoff erfolgt auf Basis der Energieträger, die in der Tabelle 2 aufgelistet sind:

Tabelle 2 *Energieträger für die derzeitige Wasserstoffherstellung in der Welt*

Energieträger	Prozentualer Anteil
Erdgas:	38 %
Schweröl:	24 %
Benzin:	18 %
Ethylen:	6,6 %
andere Produkte der chemischen Industrie:	1,4 %
Chlor-Alkali Elektrolyse:	2 %
Kohle (Koksgas):	10 %

Der in dieser Form gewonnene Wasserstoff wird seit Jahrzehnten in der Industrie zur Herstellung von Düngemitteln, Farben, Lösemitteln und Kunststoff sowie in der Mineralölindustrie zur Verbesserung der Kraftstoffstruktur verwendet.

These 37: Ein energetischer Wasserkreislauf über Maschinen, die Strom, Wärme und Arbeit liefern sollen, erfordert eine Wasserstoffproduktion durch Elektrolyse mittels photovoltaischer Anlagen, Windenergieanlagen und Mikro-Wasserkraftwerken, die auch dezentral und diskontinuierlich arbeiten können.

Die vielversprechende Nutzung von Wasserstoff, beispielsweise in Automobilen der Zukunft - ob mit Brennstoffzelle oder mit einer Wärmekraftmaschine - hat aber zuerst das Problem seiner Speicherung an Bord, für den mobilen Einsatz. Wasserstoff ist das Element mit der geringsten molekularen Masse, damit ist seine Dichte, als Masse in einem gegebenen Volumen auch die geringste aller Elemente. Der bloße Vergleich mit der Luft ist aufschlussreich: Bei gleicher Temperatur und gleichem Druck in der Atmosphäre ist Luft 15-mal dichter als Wasserstoff.

Wie kriegt man viel Masse in ein begrenztes Volumen, wie in den Tank eines Wagens? Druck hoch oder Temperatur runter, bis das Gas sogar flüssig wird. Aber selbst in flüssiger Phase, bei einer Temperatur von *minus 253 °* Celsius hat Wasserstoff nur ein Zehntel der Benzindichte [10]. Die Verflüssigung selbst erfordert ein Drittel der in der jeweiligen Wasserstoffmenge gespeicherten Energie. Die alternative Möglichkeit - hoher Druck statt niedriger Temperatur – wird ebenfalls angewandt, bei Druckwerten zwischen *350 und*

900 bar, wobei der Wasserstoff in gasförmiger Phase bleibt. Dabei ist allerdings zu beachten, dass die Differenz zu dem Umgebungsdruck ein Ausströmungspotential schafft: Das Wasserstoffmolekül ist, wie gesagt, das kleinste aller Elemente und kann aus diesem Grund die meisten Materialstrukturen leicht durchdringen. Das Verhindern dieses Schwindens erfordert eine mehrschichtige, komplexe Bauweise eines Wasserstofftanks, der darüber hinaus die entsprechende Festigkeit bei dem hohen Druck aufzuweisen hat. Dennoch ist ein Wasserstoffschwund durch die Tankwände unvermeidbar. Derzeit wird von ca. 1 % Schwund pro Tag berichtet. Selbst wenn diese Menge nicht groß erscheint, birgt sie eine andere Gefahr: Der entweichende Wasserstoff bleibt dann drucklos in geschlossenen Räumen, so zum Beispiel in einer Automobilkarosserie – in Holmen, Säulen, Räumen zwischen Außen- und Innenverkleidung. Innerhalb der sehr breiten Zündfähigkeit, von 4 % Vol. bis 77 % Vol. Wasserstoffkonzentration in der Luft, bei einer vergleichsweise hohen Geschwindigkeit der Flammenfront bei Wasserstoffverbrennung (wobei die Flamme zudem unsichtbar ist) kann es zu gefährlichen Detonationen kommen. Die gelegentlich angewendete Absorption dieser Wasserstoffansammlungen in der Karosserie eines Fahrzeugs durch Pumpen erhöht den technischen Aufwand. Die geringe Speicherdichte wird teilweise von dem hohen Heizwert des Wasserstoffs kompensiert, die Reichweite bleibt jedoch bei gleichem Tankvolumen weit unter jener, die mit Benzin erreichbar ist.

Die Speicherung von Wasserstoff in flüssiger Form, in kryogenen Tanks, bei minus 253 °C erfordert eine besonders wirkungsvolle Isolation: Die geringste Wärmeleitfähigkeit als Isolatoren haben Gase beziehungsweise das Vakuum. Eine Isolation mittels eines Gases erfordert jedoch eine derart dünne Gasschicht, dass keine Gasbewegung in der Schicht entsteht: Dadurch würde sich die Wärmeleitung in Konvektion umwandeln, wodurch der entstehende Wärmestrom um Größenordnungen zunehmen würde [1]. Der ideale Wasserstofftank sollte demnach aus mehreren festen Behälterwänden bestehen, die ineinander, bei sehr geringen Abständen schweben – denn jedes feste Verbindungselement würde die Wärmeleitung intensivieren. In manchen Ausführungen wird das Schweben der Tankschichten ineinander durch Magnetkräfte realisiert.

13.2 Brennstoffzelle mit Wasserstoff

Trotz weltweiter, vielfältiger technischer Neuerungen bleiben die Batterien für Automobile groß und schwer: *Eine Lithium-Ionen Tesla Batterie ist beispielsweise genauso schwer wie ein ganzer Renault Twingo mit Benzinmotor samt vollem Tank, der die gleiche Reichweite wie der Tesla hat.*

Sehen wir mal, was die Brennstoffzellen anders machen können: Ihr Funktionsprinzip wurde bereits 1839 vom britischen Physiker Sir William Robert Grove als „umgekehrte Elektrolyse" erfolgreich erprobt. Die Elektroden dieses Ur-Hybriden zwischen Batterie und

Brennstoffzelle bestanden aus Platinstreifen, die ursprünglich in angesäuertem Wasser lagen und waren vom Wasserstoff bzw. vom Sauerstoff umgeben.

Und wie war die Elektrolyse, die Sir Grove auf den Kopf gestellt hat? Durch zwei Elektroden wird ein elektrischer Gleichstrom durch eine leitfähige Flüssigkeit (Elektrolyt) geleitet. An den Elektroden entstehen durch die Elektrolyse Reaktionsprodukte aus Stoffen des Elektrolytes. Aus Wasser, als Elektrolyt, entsteht also Wasserstoff an einer Elektrode und Sauerstoff an der anderen.

In einer weiteren Ausführung wurde von Grove Schwefelsäure als Elektrolyt verwendet, die Wasserstoffversorgung durch die Reaktion der Säure auf Zink realisiert und der Sauerstoff mittels einer Luftströmung zugeführt.

Die daraus ableitbare Analogie mit den modernsten Luft-Zink-Batterien einerseits und mit den zukunftsweisenden Brennstoffzellen andererseits zeigen einen Entwicklungsweg, der die Technik in vielen Fällen prägt:

These 38: Neuste technische Konzepte haben sehr oft bereits physikalisch erprobte Vorfahren, darüber hinaus ist eine technische Entwicklung eher stetig als sprunghaft und revolutionär, auch wenn dadurch eine neue Qualität erreicht wird.

Die Zink-Luft-Batterie ist in diesem letzten Zusammenhang ein funktionelles Bindeglied zwischen Batterien – mit reiner Speicherung von Komponenten – und Brennstoffzellen – mit kontinuierlicher Komponentenzufuhr als Massenströmungen. Der Durchbruch der

Brennstoffzelle auf Basis reiner Wasserstoff-/Sauer-
stoffströmungen über leichte Katalysatorelektroden in
alkalisch-wässrigen Elektrolyten gelang in den fünfzi-
ger Jahren, forciert von besonderen Anforderungen bei
der Stromerzeugung für die Raumfahrt. Schwere Batterien sind ein Ballast, den man in einer Rakete eher
nicht braucht. Andererseits waren an Bord der Raketen
Wasserstoff und Sauerstoff vorhanden, für den Antrieb
eben. So hatten die Raumfahrt-Entwicklungsingeni-
eure den Einfall, die umgekehrte Elektrolyse von Sir
Grove auszugraben und den Strom an Bord mit Wasserstoff und Sauerstoff zu produzieren, anstatt ihn von
Batterien zu beziehen. Das macht für eine solche Anwendung und bei den ohnehin vorhandenen Reaktions-
partnern echt Sinn.

Das sieht ja aus wie ein Sandwich: Die äußeren Hälften
bilden die Wände der Zelle, in der Mitte ist statt der
Wurstscheibe eine Polymermembran vorhanden. Ein
weiterer Unterschied zum Sandwich ist, dass zwischen
der Membran und den zwei Deckeln jeweils eine
Spalte besteht, die weder mit Mayonnaise noch mit
Senf gefüllt ist: durch die linke Spalte strömt Wasserstoff von einem Tank, durch die rechte Spalte strömt
Luft aus der Umgebung, die etwa 21% Sauerstoff enthält.

Wasserstoff und Sauerstoff ziehen sich natürlich ma-
gisch an, was könnte man sonst erwarten? Sie sind
doch in der Natur stets innig miteinander verbunden,
als Wasser eben. Die Polymermembran lässt aber die
Wasserstoffatome nicht durch zu den Sauerstoffatomen. Das bringt jedes Wasserstoffatom zur Verzweif-
lung, es platzt in seine Bestandteile. Erstaunlicher-
weise geht aber das schwere Proton vom Atomkern

durch die Membran durch, das leichte Elektron, welches nur 0,5 Tausendstel der Masse eines Protons hat, bleibt zurück. Bleibt ist viel gesagt: *Es versucht sein Proton über Umwege zu erreichen, indem es über einen Elektromotor oder über eine Glühbirne strömt.* Der Elektromotor dreht vor Freude durch, die Glühbirne strahlt vor Freude. Dann ist das Elektron schon weiter, es lässt dem nächsten Platz und begibt sich zu seinem Proton auf die Sauerstoffseite. Der Sauerstoff will aber selbst auch mitspielen, und so kommt es zur Hochzeit, aus der ein Wassermolekül geboren wird und gleich rausdampft.

Wissenschaftlich heißt so ein Sandwich **Niedertemperatur-Protonenleitende-Polymermembran-Brennstoffzelle PEM (Proton Exchange Membrane Fuel Cell).** PEM-Brennstoffzellen haben den Vorteil einer sehr hohen Leistungsdichte bei Arbeitstemperaturen von *20 °C* bis *120 °C*. Ihr flexibles Betriebsverhalten und die Möglichkeit, den Sauerstoff aus einer Luftströmung zu beziehen, kommt einer Nutzung im Fahrzeug am nächsten. Es gibt aber auch andere Arten von Brennstoffzellen, die für Hausenergieversorgung oder für zentrale und dezentrale Stromerzeugung oder Strom-Wärm- Kopplung verwendet werden.

Tabelle 3   *Weitere Arten von Brennstoffzellen, außer PEM, und ihre Anwendungsgebiete*

TYP	ELEKT ROLYT	ARBEITS TEMP	BESONDE RHEITEN	ANWEND UNGEN
AFC Alkaline Brennstoff zelle	wässrige Kalilauge	60 bis 120°C	hoher Wirkungsgrad, geeignet nur für reinen Sauerstoff und Wasserstoff	Raumfahrt, Verteidigungstechnik
DMFC Direkt-Menthol Brennstoff zelle	Protonenleitende Membran	50 bis 120°C	direkter Betrieb mit Methanol	kleine Fahrzeuge, Gabelstapler, Militärische Anwendung
HT-PEMFC Hochtemperatur Proton Exchange Membran Brennstoff zelle	Protonenleitende Membran	120°C bis 200°C	Entfall des komplexen Wassermanagements	Hausenergieversorgung
PAFC Phosphoric Acid Brennstoff zelle	Phosphorsäure	160 bis 220°C	Begrenzter Wirkungsgrad, Korrosionsprobleme	dezentrale Stromerzeugung, Strom-Wärme-Kopplung

MCFC Molten Carbonate Brennstoff zelle	Ge- schmol zene Karbo- nate	600 bis 650°C	Komplexe Prozess- führung, Korrosi- onsprob- leme	zentrale und dezentrale Stromer- zeugung, Strom- Wärme- Kopplung
SOFC Solid Oxide Brennstoff zelle	Festes Zirko- noxyd	850 bis 1000°C	Elektrische Energie di- rekt aus Erdgas, Kera- miktechno- logie	zentrale und dezentrale Stromer- zeugung, Strom- Wärme- Kopplung

- *Alkaline Brennstoffzellen – AFC (Alkaline Fuel Cells)* nutzen als Elektrolyt Kalilauge und haben den Vorteil des höchsten Wirkungsgrades aller Ausführungsformen. Bedingt durch die Kalilauge ist nur ein Betrieb mit reinem Wasserstoff und Sauerstoff möglich, was ihre bevorzugte Nutzung in der Raumfahrttechnik begründet.

- *Direkt-Methanol-Brennstoffzellen (DMFC)* haben eine protonleitende Membran, ähnlich der PEM, sie können aber direkt mit Methanol betrieben werden. Methanol ist flüssig bei Umgebungstemperatur und Druck speicherbar, damit ist der Tank ähnlich einem üblichen Tank für flüssige Kraftstoffe. Der Arbeitstemperaturbereich der DMFC beträgt *50 °C* bis *120 °C*. Das Problem ist, dass infolge der Reaktionen in einer

DMFC Kohlendioxid emittiert wird. Methanol aus Pflanzen ist allerdings recycelbar.

- *Hochtemperatur-Protonenleitende Polymemb-ran Brennstoffzellen (HT-PEMFC)* können ohne zusätzliches Wasser in der Brennstoffzelle betrieben werden. Die neuentwickelte Polybenzimidazol-Membran erlaubt den direkten Einsatz von Phosphorsäure als Ladungsträger, welche den Protonenaustausch gewährleistet.

- *Phosphorsäure-Brennstoffzellen – PAFC (Phosphoric Acid Fuel Cell)* arbeiten bei höheren Temperaturen als die AFC und PEM Ausführungen (*180 °C* bis *220 °C*) mit einem eher begrenzten Wirkungsgrad und sind teilweise korrosionsbehaftet. Sie finden vor allem in dezentralen Strom-Wärme-Kopplungsanlagen im Leistungsbereich um *200 kW* Anwendung.

- *Brennstoffzellen mit geschmolzenen Karbonaten MCFC (Molten Carbonate Fuel Cell)* arbeiten bei vergleichsweise hohen Temperaturen, um *650 °C* und werden trotz der komplexen Prozessführung und der Korrosionsempfindlichkeit intensiv für die dezentrale Energieversorgung, auf Grund ihrer Eignung für die Arbeit mit Kohlegas, weiterentwickelt.

- *Fest-Oxid Brennstoffzellen – SOFC (Solid Oxide Fuel Cells)* arbeiten bei den höchsten Temperaturen unter allen Arten von Brennstoffzellen (*850 °C* bis *1000 °C*) auf Basis eines festen Elektrolyten, bestehend aus Zirkonoxid. Der erwartete hohe Wirkungsgrad, bei der Gewinnung elektrischer Energie direkt aus Erdgas oder aus

Biogas begründet ihre zügige Entwicklung für zentrale und dezentrale Strom-Wärme-Kopplungsanlagen.

Für eine zufriedenstellende Leistung der Brennstoffzelle muss die Austauschfläche zwischen Wasserstoff und Sauerstoff an der Membran groß genug sein. Um die Abmessungen der ganzen Brennstoffzelle in Grenzen zu halten wird das Sandwich ein Big Mac, mit mehreren Scheiben Wurst in der Mitte, zwischen denen weder Käse noch Mayonnaise, sondern Wasserstoff und Sauerstoff fließen. Das reicht aber auch nicht, es werden dazu noch Labyrinthe gebaut, diese bringen auch mehr Fläche. Am Ende sieht das Ganze wie der Wasserkühler im Auto aus, hat jemand schon mal einen zersägt?

Das Problem ist nur, dass die ständigen Strömungsumkehrungen durch die Labyrinthe zu Verwirbelungen, Pulsationen und lokalen Blasenbildungen führen. Darüber hinaus beeinträchtigt eine rasche Beschleunigung oder Verzögerung der Strömungen – entsprechend der vom elektrischen Antrieb momentan geforderten Leistung – diesen Strömungsablauf erheblich mehr. Eine Brennstoffzelle ist demzufolge insbesondere bei stationärem Betrieb und bei relativ geringer Leistung oder bei großen Abmessungen von Vorteil.

Die Funktionsgruppen werden in modularer Bauweise auf einer Plattform aufgebaut. Der für die Strömung erforderliche Luftdruck von *2 bis 3 bar* wird mittels eines Kompressors abgesichert.

Inzwischen bieten Toyota und Hyundai serienmäßige Automobile mit Elektromotorantrieb und Elektroenergie an Bord aus einer Brennstoffzelle mit Wasserstoff.

Und wo bleiben die deutschen Ingenieure?

Stellvertretend für eine Vielfalt realisierter Automobile mit Brennstoffzellen sind einige Ausführungen von Daimler aus dem Jahr 1994. Die erreichten Leistungen, die Reichweite, die Wasserstoffspeicherungstechnik wurden stets verbessert, es wurde daraus eine serienreife Technik entwickelt. Daimler war am Ende des zwanzigsten Jahrhunderts unangefochten der Weltmeister auf dem Gebiet der Brennstoffzellen für Fahrzeuge.

Im Jahr 2011 fuhren mehrere Mercedes B-Klasse Fahrzeuge mit Wasserstoff-Brennstoffzellen um die Welt, um die Serientauglichkeit des Konzeptes zu demonstrieren.

Sie durchquerten Europa, dann Nordamerika, sogar noch Australien und erreichten schließlich China. Die Tour dauerte 125 Tage. Die Autos hatten, neben der Brennstoffzelle auch eine Lithium-Ionen-Batterie als Elektroenergie-Puffer an Bord. Der Antriebselektromotor hatte 100 kW und reagierte wie ein Zweiliter-Benzinmotor.

Bis zu 400 Kilometer konnte man pausenlos fahren, weil die Lithium-Ionen-Batterie von der Brennstoffzelle ständig aufgefüllt wurde. Die vier Kilogramm Wasserstoff standen im Tank unter einem Druck von 700 bar. Zum Nachtanken von Wasserstoff muss man nicht 8 Stunden warten, wie mit der Batterie, sondern nur 20 Minuten. Das Problem war ein anderes, und zwar der Tanklastzug voll Wasserstoff der hinterher fuhr, denn in der Welt gibt es nur ganz selten Wasserstofftankstellen, in China gab es zu der Zeit gar keine.

These 39: Es genügt nicht, die Wasserstoff-Infrastruktur in der Welt für Brennstoffzellen Autos sicherzustellen, es geht hauptsächlich darum, den Wasserstoff im großen Umfang CO_2-neutral herzustellen, und nicht als Nebenprodukt der Chemieindustrie.

Toyota und Hyundai sind jetzt mit Brennstoffzellen auf dem Markt, Mercedes nicht. Warum? Fragen wir bei Daimler? An dem hohen Preis dieser Technik liegt es bestimmt nicht.

13.3 Verbrennungsmotor mit Wasserstoff

Die Verbrennung von Wasserstoff mit dem Sauerstoff aus der Luft im Brennraum eines Motors verläuft ganz anders als der Protonenaustausch von Wasserstoff und Luftsauerstoff entlang einer Membran in der Brennstoffzelle – das Produkt ist aber das Gleiche: Wasser, ohne Kohlendioxid.

Die Temperatur einer Flamme während der Verbrennung in einem Motor erreicht oft 2000° Celsius, also viel mehr als die Prozesstemperatur um 100° C in einer Brennstoffzelle. Eine Temperatur um 2000°C ist ein Zeichen dessen, dass die beteiligten Teilchen im Wasserstoff und in der Luft fast auseinander platzen, hoch energiegeladen wie sie jetzt sind.

Ganze Atome, Protonen, Neutronen, Elektronen klappern wie kleine Teufel auf dem Scheiterhaufen. Obendrein gibt es auch keine Membranwand mehr zwischen dem Wasserstoff und der Luft. Splitter von Atomen aus beiden Lagern fallen sich in die Arme. Millionen von zusammengefundenen Paaren drehen sich in Millionen von Wirbeln, schneller und schneller, des Teufels Walzer vom Maestro selbst dirigiert. So viel Kontaktfläche zwischen Wasserstoff und Sauerstoff bietet sonst keine Membran, sei sie noch mal so großflächig oder labyrinthenreich. Die heißen Paare schmelzen zusammen, das ergibt eine gewaltige Massen-Paarung.

Mercedes schickte den Wasserstoff in die Brennstoffzelle, BMW konnte das nicht einfach so lassen, und schickte den Wasserstoff in den Verbrennungsmotor.

Mercedes hatte den Wasserstoff im Tank unter 700 bar Druck, BMW machte den lieber kalt: Bei der kryogenen Wasserstoffspeicherung bei minus 253°C, muss aber der gesamte Tank und das Wasserstoff-Einspritzsystem, vom Tank über Leitungen bis zu den Einspritzdüsen thermisch isoliert werden, um eine Phasenänderung von Flüssigkeit zu Gas zu vermeiden.

Der Wasserstoff wurde gleichzeitig ins Saugrohr und in den Kopf des Motors eingespritzt. Eine Einspritzdauer ist immer so kurz: Bei 6000 Motorumdrehungen pro Minute dauert eine einzelne Umdrehung einfach nur 10 tausendstel Sekunden, der Kraftstoffzufuhr direkt in den Kopf bleibt etwa eine tausendstel Sekunde, im Saugrohr ist etwas mehr, aber nicht viel mehr Zeit, so nutzt man beides. Der Wasserstoff wird aber nach dem Austritt aus den Düsen sofort gasförmig und nimmt schlagartig sehr viel Raum in Anspruch, Raum der bis dahin der Luft gehörte. Die Luft wird dabei einfach zum Teil verdrängt, das Dumme ist aber, dass der Wasserstoff die Luft für die Verbrennung braucht. Und so entsteht ein Teufelskreis. Deswegen ist das Drehmoment des Motors zwar groß, aber nicht so spektakulär wie man es vom Wasserstoff erwarten könnte.

Derzeit sind weltweit etwa 600 wasserstoffbetriebene Automobile im Einsatz. Das erste Wasserstoffauto lief bei BMW bereits im Jahre 1979, mit einem 4-Zylindermotor, der eine Leistung von 60 kW (82 PS) erreichte. Für die Stromerzeugung an Bord wurde von BMW eine kompakte Brennstoffzelle mit 5 KW/ 42 Volt eingesetzt, die als Kraftstoff den gleichen Wasserstoff wie der Verbrennungsmotor hatte.

Ein solches Auto mit Wasserstoffverbrennung im Kolbenmotor steht weder von der Leistung noch vom Fahrverhalten unter den aktuellen serienmäßigen Brennstoffzellenautos mit Antrieb durch Elektromotoren. Zeuge ist der Autor dieses Buches selbst, der Fahrzeuge aus beiden Gattungen gefahren hat.

Was sich durchsetzen wird hängt von der gesamten Effizienz in der Kette zwischen Tank und Kraft am Rad, von der technischen Komplexität des jeweiligen Systems, vom Preis und, nicht zuletzt, von der Akzeptanz bei Kunden ab.

These 40: Vor dem Verbrennungsmotor im Automobil braucht man keine Angst zu haben, er ist nicht der Weltverschmutzer per se. Mit Wasserstoff ernährt, emittiert er auch nur Wasser, wie die Brennstoffzelle.

13.4 Verbrennungskraftmaschine mit Wasserstoff in der Rolle der Brennstoffzelle

Wasserstoff kann man über eine Membran mit Sauerstoff reagieren lassen um Strom zu produzieren, das heißt Brennstoffzelle, obwohl in dieser Zelle gar nichts brennt.

Wasserstoff kann man mit Sauerstoff brennen lassen, mit richtig heißer Flamme, damit entsteht in dem verbrannten Gemisch ein Druck, mit dem man irgendetwas schieben kann: einen hin und her laufenden Kolben, einen rotierenden Kolben oder die Flügel einer Turbine. In all diesen Fällen wird die kraftvolle Bewegung einer Welle übertragen, die einen Stromgenerator drehen kann.

Jetzt sind wir genau dort, wo wir auch mit der Brennstoffzelle angekommen waren: Den Strom kann man einem Elektromotor für den Antrieb irgendeiner Maschine, Flugtaxipropeller oder Autorädern schicken, zum Teil kann man diesen Strom auch in einer dazugeschalteten Batterie speichern, wenn der Elektromotor gelegentlich weniger arbeiten muss. Und ab hier entsteht ein wesentlicher Unterschied zu dem vorhin dargestellten Verbrennungsmotor mit Wasserstoff, der als Direktantrieb in einem Auto wie BMW diente. Direktantrieb bedeutet häufiger Wechsel von Leerlauf zur Volllast, von 1000 zu 6000 Umdrehungen pro Minute. Man kann einen Motor nur schwer solcher Drehzahl- und Lastsprünge anpassen, die guten und die schlechteren Arbeitsgebiete eines Automobilmotors kennen wir alle.

Die jetzt gemeinte *Verbrennungskraftmaschine (an dieser Stelle bewusst nicht „Verbrennungsmotor" genannt, um eine direkte Assoziation mit „Viertakt-Kolbenmotor" zu vermeiden)* soll nur einen Generator drehen, immer bei konstanter Drehzahl und mit konstanter Last. Dafür braucht man wirklich keinen High-Tech Viertakt-Kolbenmotor mit vier Ventilen pro Zylinder und doppelter Turboaufladung! Und auch nicht 6000 Umdrehungen pro Minute.

Dafür braucht man eine schlichte Maschine, die den Druck aus einer Verbrennung auf dem einfachsten Weg zu einer Welle schicken kann, um einen Elektrogenerator anzudrehen.

Der erste Ansatz ist der Zweitaktmotor: Der hat nicht nur weniger Bauteile als ein Viertaktmotor, sondern auch eine doppelte Anzahl von Arbeitstakten, Arbeit in jeder Umdrehung, nicht in jeder zweiten, wie beim Viertakter. Bei gleicher Leistung wird der Zweitakter dadurch wesentlich kleiner und leichter [10]. Man denkt dabei sicherlich zuerst an stinkende Trabbis. Bei dieser Art von Stationär-Motor mit Wasserstoff sind die Vorgänge jedoch anders: Beim Trabbi wurde Luft zusammen mit Kraftstoff und Schmieröl durch die Einlass-Schlitze in den Zylinder geschleudert, bei niedrigen Drehzahlen wurde ein Teil dieser Ladung durch den noch offenen Auslass-Schlitz verloren. In dem Zweitaktmotor als Generator gibt es im Wesentlichen eine einzige Arbeitsdrehzahl, wofür man die Luftzufuhr richtig tunen kann. Der Wasserstoff wird ohnehin getrennt von der Luft direkt in den Motorkopf eingespritzt, nachdem alle Schlitze geschlossen sind, so verliert man gar keinen Kraftstoff vor Verbrennung. Die Schmierung erfolgt separat, im Kurbelkasten. Solche kompakte Zweitakt-Stromgeneratoren mit Kraftstoff-Direkteinspritzung, die im Forschungs- und Transfer-zentrum Zwickau entwickelt wurden, haben sich in der Praxis sehr bewährt [10]. Bild 5 stellt einen solchen Zweitaktmotor mit Kraftstoff-Direkteinspritzung dar.

Die vom Kolben komprimierte frische Luft, die vom Einlasskanal (rechts) über den Kurbelkasten in den Zy-linder geleitet wird, kann zwar zum Teil über den Aus-lasskanal (links) entweichen, was man verliert ist aber nur ein bisschen frische Luft. Der Kraftstoff wird erst später, in einer 0,3 tausendstel Sekunde von der Düse im Kopf eingespritzt.

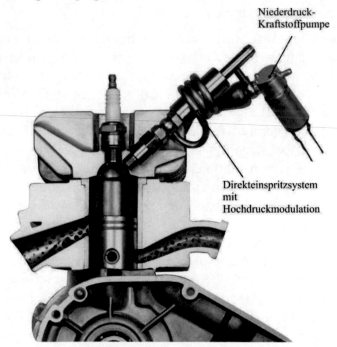

Bild 5 *Zweitaktmotor mit Kraftstoff-Direkteinspritzung als Stromgenerator (Quelle: FTZ Zwickau)*

Wie die Zweitaktmotoren sind auch die kompakten Wankelmotoren als Stromgeneratoren einsetzbar. Der wesentliche Vorteil eines Wankelmotors gegenüber einem Kolbenmotor ist die Rotationsbewegung während der Arbeitsphasen, wodurch die Arbeit über eine Welle direkt dem Stromgenerator übertragen werden kann. Bei Kolbenmotoren muss das Hin-und-Her des Kolbens erstmal über einen Kurbeltrieb in Rotation umgewandelt werden.

Wesentlicher Nachteil eines Wankelmotors für direkten Antrieb in Automobilen ist die Bildung eines sehr ungünstigen, spaltförmigen und zerklüfteten Brennraums, was der Form des Rotationskolbens und der Kammer geschuldet ist – ohne diese Wankel-Geometrie wären aber Kompression, Verbrennung und Entlastung während einer Drehbewegung kaum zu schaffen. Mazda hat mit Bravour gezeigt, dass solche Motoren in Autos funktionieren und einen guten Drehmomentverlauf haben, mit den Schadstoffemissionen war es aber nicht so berühmt: Der sichelförmige Brennraum hat sehr viel Fläche für das gegebene Volumen, ein flüssiger Kraftstoff wie Benzin legt sich dort an jede Wand, die Verbrennung ist unvollständig, es werden Kohlenwasserstoffe und Kohlenmonoxid ausgespuckt, der Katalysator hat es schwer.

Bei der Einspritzung von Wasserstoff, der sofort gasförmig wird, besteht dieses Problem überhaupt nicht. Dazu arbeitet der Motor als Stromgenerator bei einer konstanten und nicht zu hohen Drehzahl. Auch in diesem Fall, wie beim Zweitaktmotor in dem vorhergehenden Beispiel, können dadurch sowohl der Luft-Ansaug-/Kompressionsvorgang als auch die Abgas-Entlastung/Entladung richtig getunt werden.

Mazda hat im Jahr 2010 eine solche Konfiguration präsentiert: Der Wankelmotor von dem Autotyp RX8 lief im Stationärbetrieb mit Wasserstoff, der in der Kompressionsphase eingespritzt und somit in der nächsten Phase im Brennraum vollständig verdampft und mit Luft vermischt vorlag. Das ist eine Konfiguration mit viel Potential für die Stromerzeugung bei Nutzung von Wasserstoff als Energieträger.

Es geht aber noch mehr: Die Gasturbinen haben – wie die Wankelmotoren – gegenüber den Kolbenmotoren den konstruktiven Vorteil einer reinen Rotationsbewegung – in diesem Fall auch ohne die Exzentrizität eines Wankelrotationskolbens. Darüber hinaus besteht ein grundsätzlicher funktioneller Vorteil: Alle Zustandsänderungen – Verdichtung, Verbrennung, Entlastung, Ladungswechsel – finden gleichzeitig statt (soweit wie beim Wankelmotor), aber jede Zustandsänderung findet in einem eigens dafür entwickelten und optimierten Funktionsmodul statt: Verdichter, Brennraum, Turbine, Ansaugdiffusor und Abgasdüse haben dafür eigene, spezifische Entwicklungspotentiale.

Dagegen wirkt die Kolben-Zylindereinheit eines Kolbenmotors einmal als Verdichter, dann als Brennraum, als Entlastungsmodul und als Ladungswechselanlage – die Kompromisse sind dabei vorprogrammiert.

Die axialen Strömungsmaschinen (salopp auch als „Gasturbinen" bezeichnet, obwohl sie auch andere Komponenten als die Turbine haben) finden generell im Flugzeugbau Anwendung (Strahltriebwerke). Die radialen Ausführungen von Kompressor und Turbine haben jedoch wegen ihrer bereits breiten Anwendung als Turbolader für Kolbenmotoren viel Potential als Stromgeneratoren mit Wasserstoff oder mit anderen Treibstoffen: Grundsätzlich kann man dafür den Turbolader eines Dieselmotors für Automobile mit einer Brennkammer versehen.

Infolge der kontinuierlichen Massenströme von Luft und Kraftstoff ist die Einspritzdüse stets offen und wird drallförmig ausgeführt, um den Kraftstoff besser zu verteilen. Einer für die Verbrennung günstigen Gestaltung des Brennraums, sind, im Gegensatz zu Kolben- oder Wankelmotoren, keine Grenzen gesetzt.

Das Abgas wird, effizienter als bei Kolbenmotoren, bis zum Umgebungsdruck entlastet. Solche Gasturbinen arbeiten nicht bei 3000 – 6000 Umdrehungen pro Minute, wie Kolbenmotoren, sondern bei 96.000 - 100.000 Umdrehungen pro Minute. Damit sind die Massenströme schneller und die Maschine wesentlich kompakter: Eine solche Turbine, erhältlich von Capstone für Erzeugung von Strom und Wärme bei Betrieb mit Biogas oder Erdgas liefert bei unglaublichen Abmessungen von 77x196x280 Zentimeter nicht weniger als 61 kW Leistung! Der Wechsel von einem Gas zum anderen als Treibstoff, Wasserstoff anstatt Biogas oder Erdgas, stellt absolut keine Probleme dar. Die Brennstoffzellenentwickler können sich warm anziehen!

These 41: Die Stromerzeugung auf Wasserstoffbasis mittels einer Brennstoffzelle ist weniger effizient als mittels einer Verbrennungskraftmaschine: Zweitakt- und Wankelmotoren, aber insbesondere kompakte Gasturbinen sind für eine solche Aufgabe wirkungsvoller, einfacher und preiswerter.

14

Der energetische Kohlendioxidkreislauf: Natur – Photosynthese – Maschine – Natur

Natur – **Elektrolyse** – Maschine – Natur? Das Wasser ist dabei der Energieträger für den Wasserstoff, den die Maschine für die Umwandlung in Elektroenergie oder Wärme braucht. Das ist vielversprechend, aber die Umsetzung ist noch fern von der Realität, weil die Elektroenergie für die Elektrolyse weltweit mehr auf unsauberen Wegen gewonnen wird.

These 42: Natur – Photosynthese – Maschine – Natur: Der Energieträger für die Maschine, die Pflanze, aus der Alkohol oder Öl entsteht, wird nicht durch technische Elektrolyse, sondern durch natürliche Photosynthese erzeugt.

14.1 Ethanol, Methanol, Öl, Ether – Kraftstoffherstellung aus Pflanzen

Ethanol und Methanol

Ethanol und Methanol waren seit je her insbesondere als Kraftstoffe für Fahrzeuge besonders interessant.

© Der/die Autor(en), exklusiv lizenziert durch
Springer-Verlag GmbH, DE, ein Teil von Springer Nature 2021
C. Stan, *Energie versus Kohlendioxid*,
https://doi.org/10.1007/978-3-662-62706-8_14

Sie können, im flüssigen Zustand, so einfach wie Benzin gespeichert, aber besser als Benzin zerstäubt und mit Luft vermischt werden, sie brennen dann auch viel besser [10].

Nikolaus August Otto verwendete bereits 1860 Ethanol in seinen Motoren-Prototypen, Henry Ford nutzte Bioethanol zwischen 1908 und 1927 in Serienfahrzeugen und bezeichnete ihn als Treibstoff der Zukunft.

Ethanol und Methanol werden aus zwei Gruppen von Rohstoffen gewonnen:

- Stärke und Zucker – aus Pflanzen bzw. Pflanzenresten. Dafür wird in Lateinamerika, insbesondere in Brasilien Zuckerrohr-Melasse, in Nordamerika Mais, in Europa Zuckerrüben und teilweise Weizen, in Asien Maniok (Cassava) verwendet.

- Eine neu erkundete, weltweit vorhandene Rohstoffbasis für Ethanol besteht aus Algen, aus Cellulose von Reststoffen der papier- oder holzverarbeitenden Industrie, aus pflanzlichen Abfällen und aus Pflanzen, die für die menschliche Ernährung ungeeignet sind.

In Brasilien wird Zuckerrohr seit 1532 angebaut. Ethanol aus Zuckerrohr wurde dort als Kraftstoff für Automobile bereits zwischen 1925-1935 verwendet. Seit 1975, nach der 1. weltweiten Erdölkrise, wurde durch die brasilianische Regierung das nationale Alkoholprogramm ProAlcool zum Ersatz fossiler Treibstoffe durch Alkohol eingeführt. Das erste serienmäßige Automobil, betrieben mit 100 % Ethanol seit der Einführung des ProAlcool Programms, war der Fiat 147

(1979). Zehn Jahre später fuhren in Brasilien 4 Millionen Fahrzeuge mit 100 % Ethanol. Die Umkehrung dieser Tendenz in den nachfolgenden Jahren zu mehr Abhängigkeit von Erdöl hatte in erster Linie landüberschreitende, wirtschaftspolitische Ursachen. Diese Situation wurde aber relativ schnell überwunden.

Ab 2003 wurde der „Brasilian VW Gol 1,6 Total Flex" auf dem Markt eingeführt, ein Auto für variable Gemische (0-100 %) von Benzin und Ethanol (Flex Fuel). Sieben Jahre später waren Chevrolet, Fiat, Ford, Peugeot, Renault, Volkswagen, Honda, Mitsubishi, Toyota, Citroen, Nissan und Kia mit Flex Fuel-Autos auf dem brasilianischen Markt zu finden, die 94 % aller Neuzulassungen ausmachten.

Derzeit fahren in Brasilien 29 Millionen Flex Fuel-Fahrzeuge (2017). Diese intensive Verwendung von Ethanol aus Zuckerrohr führt gewiss zum Problem der Rohstoffverfügbarkeit. Brasilien verfügt über 355 Millionen Hektar beackerbares Land, wovon derzeit erst 72 Millionen Hektar beackert sind. Zuckerrohr wird nur auf 2 % des beackerbaren Landes gepflanzt, wovon nur 55 % zur Ethanol-Gewinnung dienen. Brasilianische Wissenschaftler gehen davon aus, dass der Rohrzuckeranbau auf das 30-fache erhöht werden kann, ohne die Umwelt zu beeinträchtigen und auch ohne Gefahr für die Lebensmittelproduktion. Die Produktivität beträgt bis zu 8.000 Liter Ethanol pro Hektar (2008) bei einem Preis von 22 US Cent/Liter. Es wird dabei zehnmal mehr Energie – in Form von Ethanol-Kraftstoff – gewonnen, als die Energie, die im gesamten Prozess zwischen Zuckerrohranbau und Gewinnung der entsprechenden Ethanol Menge verwendet wurde. 99,7 % der Zuckerrohrplantagen befinden sich auf Ebenen in der südöstlichen Region Sao Paolo, also mindestens *2.000 km* vom Amazonas-Tropenwald entfernt, wo das Klima für Zuckerrohr eher ungeeignet ist.

In den USA wird Ethanol hauptsächlich aus Korn und Mais auf 10 Millionen Hektar hergestellt, das sind 3,7 % des beackerbaren Landes. Die Produktivität beträgt bis zu 4000 Liter Ethanol pro Hektar (2008), also die Hälfte im Vergleich zu Gewinnung aus Zuckerrohr in Brasilien. Die Energiebilanz zwischen Ethanol als Kraftstoff und Ethanol- Gewinnung beträgt nur 1,3 bis 1,6 – das ist wenig im Vergleich mit dem Wert 10 bei Zuckerrohr in Brasilien. Der Herstellungspreis ist mit 35 US Cent/Liter höher als bei der Verwendung von Zuckerrohr (22 Cent). Ford, Chrysler und GM bauen Flex Fuel-Antriebe in ihrer ganzen Fahrzeugpalette – von Limousinen und SUV's bis hin zu Geländewagen. In den USA fahren derzeit 10 Millionen Flex Fuel-Fahrzeuge.

Ein aktuelles US-Regierungsprogramm sieht für die nächsten Jahre die verstärkte Gewinnung von Cellulose-Ethanol aus landwirtschaftlichen Restprodukten, aus Resten aus der Papierindustrie sowie aus Hausmüll vor.

Neben Zuckerrohr, Korn, Mais, Zuckerrüben und Maniok stellen die Algen ein bedeutendes Rohstoff-Potential zur Herstellung von Alkohol dar. Algen sind im Wasser lebende Wesen, die sich auf Basis von Photosynthese ernähren. Der Ertrag pro Fläche – allerdings bei Kultivierung in Algenreaktoren – ist deutlich höher als bei der Produktion von Biomasse in der Landwirtschaft – gegenüber Raps 15-fach bzw. gegenüber Mais 10-fach. Die Forschung ist auf diesem Gebiet derzeit sehr aktiv – zwei Unternehmen sind in diesem Zusammenhang bezeichnend: Boeing und Exxon.

Alkohol kann durch zwei Methoden hergestellt werden:

- Destillation gegarter Biomasse,

- Synthese, über Vergasung und Reaktion mittels Cyanobakterien und Enzymen.

Alkohol wurde bereits im Jahre 925 vom persischen Arzt Abu al-Razi aus Wein destilliert. Die natürliche Entstehung von Alkohol bei der Vergärung zuckerhaltiger Früchte wurde jedoch viel früher von den Menschen festgestellt, wie in alten ägyptischen und mesopotamischen Schriften, aber auch in der Bibel erwähnt wird. Die Herstellung von Alkohol aus Biomasse ist ähnlich jener, die für die Gewinnung von Obstler, Rum, Whisky, Wodka oder Sake – als Vertreter aller Kontinente – aus Obst oder Gemüse angewandt wird. In Japan wurde Sake aus vergorenem Reis bereits im 3. Jahrhundert v. Chr. gewonnen. Im 10. Jahrhundert war in Anatolien (Kleinasien) die Destillation von Wein aus Litschi und Pflaumen zur Herstellung von hochprozentigem Branntwein verbreitet. Die Überproduktion an Getreide Mitte des 18. Jahrhunderts führte in England zu einer Großproduktion von Gin.

Die einfachste Form der Destillation besteht im Kochen von Obst, welches innerhalb einiger Wochen bei freier Lagerung garte, gefolgt vom Kondensieren des entstehenden Dampfes mittels äußerer Kühlung des Dampfrohres – beispielsweise mit einer Strömung kalten Wassers – und Zuleitung des entstehenden flüssigen Alkohols zu einem Gefäß.

Dabei entsteht auch mehr oder weniger Methanol, als Begleit-Alkohol, (auch Fuselalkohol). Das Methanol ist eine Teilfraktion der Fuselöle aus dem Gärungsprozess.

Methanol ist für Menschen gesundheits- oder gar lebensgefährlich, für die Motoren besteht bei Gemischen von Ethanol mit Methanol gar keine Gefahr.

Mit einer Kleindestillerie kann man aber aus einem Barolo- oder Bordeaux-Wein einen guten, methanolfreien Schnaps direkt am Tisch herstellen.

These 43: Das Destillieren von Alkohol aus Biomasse, ob faules Obst oder Pflanzenreste, ist eine leichte, preiswerte und gut beherrschbare Technologie, die überall auf der Welt in Großanlagen, in Hausanlagen, zentral, dezentral, legal und weniger legal, von Urzeiten her angewendet wird. Das Produkt ist ein Energiespender der besonderen Art für Mensch und Maschine.

Industriell wird die zuckerhaltige Maische aus dem fermentierten Rohstoff, die bereits um 10 % Alkoholgehalt hat, durch Destillation/Rektifikation bis zu einer Konzentration von mehr als 99 % gebracht.

Eine besonders interessante Alternative bildet die Herstellung von Ethanol aus Abfällen, die Kohlenwasserstoffe beinhalten – wie alte Reifen oder Plastebehälter sowie Bioabfälle.

Die Kohlenwasserstoffstrukturen im Abfall werden durch Cracking in ein Synthesegas umgewandelt. Die chemische Energie in den beinhalteten Anteilen an Kohlendioxid und Wasserstoff wird dann in einem Bio-Reaktor von Mikroorganismen genützt, um daraus

Ethanol herzustellen. Die Mikroorganismen zeigen eine erhöhte Toleranz an Verunreinigungen, die eine klassische chemische Umwandlung hemmen würden. Nach Angaben von General Motors als Projektträger, bleiben die Herstellungskosten des Ethanols nach diesem Verfahren unter einem US Dollar je Gallone (*1 Gallone = 3,79 Liter*) − und damit etwa unter der Hälfte der Herstellungskosten für Benzin. Zur Herstellung einer Gallone von Ethanol nach diesem Verfahren ist jeweils eine Gallone Wasser erforderlich, was ein Drittel der erforderlichen Wassermenge bei der Produktion üblicher Biokraftstoffe bedeutet.

Im Jahre 2011 erfolgte die Herstellung von nahezu 100 Millionen Gallonen Ethanol in einer ersten kommerziellen Großanlage der Firma Coskata. Im Jahre 2020 könnten 18 % des Erdölbedarfs in den USA durch das nach diesem Verfahren produzierte Ethanol ersetzt werden. Die Effizienzkette zwischen Energieträger und angetriebenem Rad eines Fahrzeugs würde zu einer Senkung der CO_2-Emission, durch diese Recyclingform um 84 % gegenüber der Nutzung von Benzin, führen.

Pflanzenöle

Die Vielfalt der Pflanzen, aus denen Öle als Treibstoffe für Maschinen aller Art gewonnen werden können, sichert ein beachtliches Energiepotential ab: Raps, Rüben, Sonnenblumen, Flachs (in gemäßigten Klimazonen) jedoch vielmehr Olivenbäume, Öl- und Kokospalme, Erdnuss, Sojabohne, Rizinus, Kakao und sogar Baumwolle (in heißen oder tropischen Klimazonen).

Die Gewinnung von Pflanzenölen mittels mechanischer Pressen ist weit verbreitet und relativ unaufwendig. Allgemein wird auch eine gestufte Raffination vorgenommen um Fettbegleitstoffe zu entfernen, die bei der Verwendung der Öle in Maschinen störend wirken. Durch eine anschließende Entschleimung werden Phosphatide sowie Schleim- und Trübstoffe entfernt. Bei der nachfolgenden Entsäuerung werden freie Fettsäuren entfernt, die gegenüber metallischen Flächen korrosiv wirken.

Eine der Öleigenschaften, die Viskosität, erschwert jedoch erheblich den Einsatz solcher in klassischer Form gewonnen Ölen in Verbrennungskraftmaschinen. Die langen verzweigten Ölmoleküle, die zu dieser Viskosität führen, beeinträchtigen sowohl ihre Einspritzung als auch ihre Verbrennung: Verkokungen an Einspritzdüsen, Ventilen, Kolbenringen und Brennraumwänden können den Motorlauf bis zur Beschädigung beeinträchtigen. Man kann aber die Ölmoleküle in chemischen Reaktionen mit Methanol kürzen, man nennt es Umesterung. Neben dem gewünschten Methylester, mit Eigenschaften die dem Dieselkraftstoff ähneln, entsteht dabei auch Glycerin, das kann man dem Apotheker verkaufen. Die Umesterung selbst ist dennoch zu teuer, sie kostet pro Liter Methylester etwa so viel wie ein Liter Dieselkraftstoff, zusätzlich zum Literpreis des Eingangsöls. Dazu ist auch der Energiebedarf für die Umesterung erheblich [10].

Biokraftstoffe der 2. Generation, oft bezeichnet als Biomass-to-Liquid (BtL), Next-Generation Biomass-to-Liquid (NexBtL), werden vorwiegend aus Biomasse (Holzabfälle, Stroh, pflanzliche Abfälle), und

aus Pflanzenresten (bei Nutzung der Frucht als Nahrung) hergestellt. Ihre Eigenschaften sind ähnlich de-
ner eines klassischen Dieselkraftstoffs. Ihre Herstellung mittels Carbo-V/Fischer-Tropsch-Verfahren
(BtL) Hydrierverfahren (NexBtL) und Pyrolyseverfah-
ren [10] ist jedoch etwas komplexer und kostspieliger.

Dimethylether

Dimethylether als vielversprechende Alternative zum
Dieselkraftstoff kann aus Holzabfällen, als Nebenprodukt der Methanol-Synthese hergestellt werden. Der
hohe Sauerstoffgehalt von etwa 35 % lässt, entsprechend dem Verbrennungsverhalten von Ölestern oder
vielmehr von Alkoholen, eine bessere Verbrennung
des Kohlenstoffs und eine dadurch reduzierte Ruß- und
Partikelemission erwarten. Seine niedrige Selbstzünd-
temperatur von 235 °C führt zu einer günstigeren Verbrennung als jene des Dieselkraftstoffs, wodurch der
Wirkungsgrad der Maschine steigt.

14.2 Verbrennungsmotoren mit Ethanol, Methanol, Pflanzenölen und Ether

Ethanol und Methanol

Ethanol und Methanol haben jeweils niedrigere Heiz-
werte als Benzin, auf die gleiche Luftmenge im Zylinder muss man deswegen mehr von dem einen oder anderen Alkohol (1,6-mal mehr Ethanol, 2,2-mal mehr
Methanol) zuführen. In Fahrzeugen mit der gleichen
Tankkapazität nimmt deswegen die Reichweite ab.
Auf der anderen Seite brauchen sie beim Brennen weniger Luft, wodurch der Heizwert des Kraftstoff-Luft-

Gemisches und somit das Drehmoment des Motors, theoretisch, wie beim Benzinmotor bleiben. Das ist aber nur theoretisch: Ethanol und Methanol brennen schneller als Benzin, dadurch steigt sowohl das Drehmoment mit mehr als 10%, aber auch der Wirkungsgrad der Maschine um etwa 17% [10]. Obwohl erheblich mehr Ethanol, beziehungsweise mehr Methanol in einem gleichen Motorzylinder eingespritzt wird, ist die Kohlendioxidemission nicht höher. Das resultiert aus dem höheren Verhältnis Wasserstoff/Kohlenstoff im Ethanol und Methanol als im Benzin.

These 44: Der Übergang von fossilen zu alternativen Energieträgern in bestehenden Ausführungen von Verbrennungsmotoren wird dadurch erheblich erleichtert, dass Ethanol und Methanol problemlos, in jedem beliebigen Verhältnis mit Benzin gemischt werden können.

Ein Sensor im Tank stellt beispielsweise das Verhältnis Ethanol/ Benzin in der gerade getankten Kraftstoffmischung fest, auf Basis dieses Signals werden die Einspritzmenge und die Zündung angepasst. Der Anteil von Ethanol in Benzin kann dabei von Null bis hundert Prozent variieren. So entstanden „Flex Fuel"-Fahrzeuge.

Weltweit fahren 50 Millionen (2017) Flex Fuel-Fahrzeuge, davon über 29 Millionen in Brasilien und über 18 Millionen in den USA, gefolgt von Kanada mit 600.000 und Schweden mit 230.000 Fahrzeugen.

Die Übersicht der jährlichen Produktion von Flex Fuel Fahrzeugen in Brasilien (2010) nach Herstellern in der Tabelle 4 zeigt die Perspektiven dieses Konzeptes.

Tabelle 4 *Jährliche Produktion von Flex Fuel Fahrzeugen in Brasilien nach Herstellern (2010)*

Hersteller	Flex Fuel Fahrzeuge Jahresproduktion
VW	46.393
Fiat	41.581
GM	39.177
Ford	22.135
Renault	11.813
Honda	8.136
Toyota	4.536
PSA	3.982

Wie erwartet, steigt beim Ethanolbetrieb das Drehmoment um etwa 10 %, was dann eine Leistungszunahme bewirkt.

In den USA wurden im Jahr 1998 rund 216.000 Flex Fuel-Fahrzeuge produziert, im Jahr 2012 mehr als die 10fache Anzahl (2,47 Millionen), die derzeitige Zahl von 15,11 Millionen belegt über die jeweiligen Regierungsprogramme hinaus auch die Akzeptanz dieses Konzeptes bei den Kunden.

Der Einsatz von Methanol in Otto- und in Dieselmotoren ist ebenfalls vielversprechend.

Ottomotoren mit Methanol-Saugrohreinspritzung werden in China in großem Maßstab eingesetzt: In der Metropole Xi´an (12 Millionen Einwohner/2017) fahren 80% von den 10.000 Taxis mit Ottomotoren mit 100% Methanol.

Groß-Dieselmotoren nach dem Viertaktverfahren, mit 100% Methanol-Direkteinspritzung, wurden für den Einsatz in Schiffen von Wärtsila entwickelt und in Serie geführt. Für den Schiffseinsatz hat auch B&W/MAN Dieselmotoren mit Methanol-Direkteinspritzung realisiert. In diesem Fall handelt es sich aber um Zweitaktmotoren, welche die im Kapitel 13.4 erwähnten Vorteile bezüglich Gewicht und Abmessungen gegenüber Viertaktmotoren haben.

Sowohl bei den Viertaktmotoren von Wärtsila, als auch bei den Zweitaktmotoren von B&W/MAN wird ein grundsätzlich anderes Brennverfahren als die klassische Diesel-Selbstzündung angewendet: Mittels Pilot-Direkteinspritzung einer kleinen Menge von Dieselkraftstoff entstehen im Zylinder Brennpunkte, von denen die folgend eingespritzte Hauptmenge an Methanol rasch gezündet und verbrannt wird. Dadurch sinken deutlich sowohl der Kraftstoffverbrauch als auch die Stickoxidemission.

Die Wärtsila Viertakt-Methanol-Dieselmotoren mit Piloteinspritzung sind auf dem Fährschiff Stena Germanica (2015) zu finden, während die Zweitakt-Methanol-Dieselmotoren mit Piloteinspritzung auf dem Tanker Lindager 10.320 [kW] Leistung absichern [10].

These 45: Die Anwendung von Alkoholen aus Pflanzen und Biomasse zur Direkteinspritzung in Otto- und Dieselmotoren bietet ein beachtliches Potential zur drastischen Senkung der Kohlendioxidemission mit relativ geringem Aufwand: Jährlich erneuerbare Energieträger, Rezirkulation des Kohlendioxids im Pflanzenzyklus, Nutzung bestehender Infrastruktur durch variable Kraftstoffanteile, je nach Verfügbarkeit.

Auf längere Sicht erscheint die Verwendung von Alkoholen in Verbrennungskraftmaschinen mindestens so umweltfreundlich wie die Nutzung von elektrolytisch gewonnenem Wasserstoff.

Die Hauptenergiequelle und die Prozessverkettung sind ähnlich, nur die energietragende Komponente ist unterschiedlich:

- Die Energie der Sonnenstrahlung wird auf dem einen Weg für den Antrieb mittels des Kohlendioxids genutzt, der in der Verbrennung gebildet und in der Pflanze – als natürlicher Reaktor – wieder gespalten wird. Das Kohlendioxid in der Natur wird als Träger der Energieumwandlung genützt.

- Die Energie der Sonnenstrahlung wird auf dem anderen Weg für den Antrieb mittels des Wassers genutzt, das in der Verbrennung gebildet

und elektrolytisch – in einer industriellen Anlage
– wieder gespalten wird. Das Wasser in der Natur wird in diesem Fall – alternativ zum Kohlendioxid – als Träger der Energieumwandlung genützt.

Der einzige wesentliche Unterschied zwischen den
beiden Kreisläufen ist die Anlage zur Spaltung des jeweiligen Moleküls – Kohlendioxid beziehungsweise
Wasser – in einen Energieträger für die Verbrennung.
Die Spaltungsanlage für Kohlendioxid bietet die Natur
selbst.

Pflanzenöle

Die Biokraftstoffe der zweiten Generation – BtL, Nex-
BtL – entsprechen grundsätzlich dem klassischen Dieselkraftstoff. Umgeesterte Öle (Biokraftstoffe der ersten Generation) haben Eigenschaften, die zum Teil von
jenen des Dieselkraftstoffes abweichen.

Mit Rapsöl und Rapsölester werden in den meisten
Fällen das Drehmoment und die Leistung eines mit
Dieselkraftstoff betriebenen Motors annähernd erreicht [10]. Allerdings ist ein zufriedenstellendes
Langzeitverhalten beim Betrieb mit reinem Rapsöl nur
bei großvolumigen Wirbelkammermotoren möglich.
Für Direkteinspritzung, umso mehr bei kleinvolumi-
gen Dieselmotoren für den Einsatz in Automobilen, ist
ein Betrieb mit reinen Ölen ungeeignet.

Das Drehmoment beim Betrieb mit Rapsölmethylest-
her ist etwas geringer als bei der Nutzung von Dieselkraftstoff, dafür ist aber auch die Ruß- und Partikelemission geringer.

Die Nutzung von Ölestern in Verbrennungsmotoren ist in Bezug auf die Motorkenngrößen vertretbar, allerdings von dem Preis der Umesterung her – wobei auch der Einsatz von Methanol zu berücksichtigen ist – eher fragwürdig.

Dimethylether

Dimethylether hat in flüssiger Phase eine Dichte, die etwa 15 % niedriger als jene des Dieselkraftstoffs ist. Die Viskosität liegt weit unter den Werten für Dieselkraftstoff und bereitet dadurch Probleme bei der Schmierung der bewegten Teile im Einspritzsystem. Dafür brennt Dimethylether schneller und effizienter als Diesel. Flüssiger Dimethylether kann bei 20 °C unter einem relativ geringen Druck von 5 bar gespeichert werden. Ein solches Flüssiggas kann aber Gasblasen im System bilden, wogegen vertretbare technische Mittel wirksam sind.

Versuche mit Dimethylether in Dieselmotoren mit einem und zwei Liter Hubraum je Zylinder, aber auch mit kleineren Automobil-Dieselmotoren, zeigen ausgezeichnete motorische Ergebnisse insbesondere in Bezug auf die Abgasemission. Die geltenden Abgasnormen können bei den größeren Zylinderhubvolumina ohne Abgasnachbehandlung und bei den Pkw-Motoren nur mit einem einfachen Oxidationskatalysator erreicht werden [11].

14.3 Brennstoffzelle mit Methanol und Pflanzenölen

These 46: Wenn Verbrennungsmotoren mit dem klassischen Energieträger der Brennstoffzelle – Wasserstoff – effizient funktionieren, so können auch pflanzliche Kraftstoffe für Otto- und Dieselmotoren, Alkohole und Öle in Brennstoffzellen eingesetzt werden.

Voraussetzung für eine solche Funktion ist, dass in einer der Brennstoffzelle vorgeschalteten Reaktion aus den Kohlenstoff/Wasserstoff/Sauerstoff Verbindungen des jeweiligen Energieträgers der Wasserstoff entzogen wird, um dann entlang der protonenleitenden Membrane geleitet zu werden.

Ein Vorteil solcher Nutzung ist die einfache Speicherung des Energieträgers.

Ein Nachteil der Gewinnung des Wasserstoffs im Brennstoffzellensystem selbst aus Kohlenwasserstoffen oder Alkoholen ist die Bildung von Kohlendioxid. In Fahrzeugen kann mit einem Hybridsystem, Brennstoffzelle – Batterie, der Strom teils aus der Brennstoffzelle, mit sofortiger Kohlendioxidemission, teils nur aus Batterie, ohne Kohlendioxidemission, bezogen werden. Dadurch kann eine Stadtfahrt emissionsfrei werden. Die Kohlendioxidemission durch Verbrennung eines pflanzlichen Kraftstoffes in der Brennstoffzelle bei Landfahrten wird in dem erwähnten Kohlendioxidkreislauf recycelt.

Für die Bildung von Wasserstoff aus einem Alkohol, beispielsweise aus Methanol, wird Wasser als Dampf üblicherweise bei etwa 300 °C der Reaktion zugeführt.

Für die Bildung von Wasserstoff aus einem Pflanzenöl wird Wasser als Dampf, bei einer Temperatur bis zu 900 °C der Reaktion zugeführt.

Außer den Reaktionsprodukten entsteht in der Brennstoffzelle auch Wärme, die den Wirkungsgrad bei der Umsetzung der zugeführten chemischen Energie in Elektroenergie reduziert [10]. Die Bildung von Schadstoffen, bei Reaktionen, die nicht ideal verlaufen, ist bei Brennstoffzellen wie bei Verbrennungsmotoren möglich.

These 47: Die Brennstoffzelle, die mit einem Alkohol oder Öl betrieben wird, hat keine prinzipiellen, prozessbedingten Vorteile gegenüber der Verbrennung solcher Kraftstoffe in einem Motor. Die technische Komplexität der jeweiligen Maschine, die erzielbare Leistungsdichte und nicht zuletzt der Preis entscheiden über die effektivere Alternative.

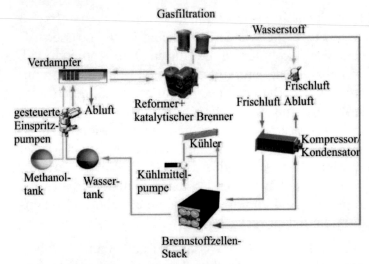

Bild 6 *Konfiguration einer Brennstoffzelle mit Methanol-Betrieb*

Um die technische Komplexität bei der Verwendung von Methanol in einer Brennstoffzelle zu zeigen, sind im Bild 6 die Funktionsmodule einer solchen Anlage dargestellt. Diese Funktionsmodule erinnern stark an einen aufgeladenen Ottomotor mit Direkteinspritzung von Methanol. Selbst die Methanol-Dosierung in dieser Brennstoffzelle basiert auf Direkteinspritztechnik von Ottomotoren, die im Forschungs- und Transferzentrum Zwickau entwickelt wurde.

Im Bild 7 sind der Ablauf der Reaktionen und die wesentlichen Funktionsmodule in einer Brennstoffzelle dargestellt, die mit einem Dieselkraftstoff funktioniert und für Pflanzenöl genauso geeignet ist. Der Dieselkraftstoff oder das Pflanzenöl wird in eine Kammer eingespritzt, zerstäubt und verdampft, bevor es mit heißem Wasserdampf zu Wasserstoff und Kohlendioxid reagiert. Die Kraftstoffdosierung in dem Mixer kann auch in diesem Fall bei hoher Genauigkeit und optimaler Gemischbildung zwischen Kraftstoff und Luft mit bewährten Dieseleinspritzsystemen von der Verbrennungsmotorentechnik vorgenommen werden [10].

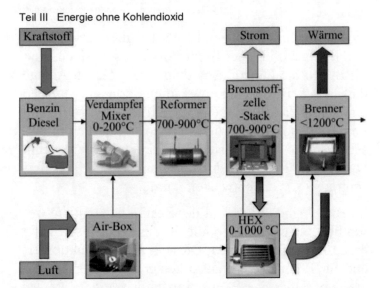

Bild 7   *Brennstoffzelle mit Benzin-, Dieselkraftstoff oder Pflan-*
zenöl, als Stromerzeuger an Bord eines Automobils [10]

14.4 Verbrennungskraftmaschine mit Alkoholen und Ölen in der Rolle der Brennstoffzelle

Wir sind wieder dort, wo wir mit dem Wasserstoff im Kapitel 13.4 schon waren: Mit einer Brennstoffzelle wird Strom produziert, um einen Elektromotor zu versorgen, der irgendeine Maschine anzutreiben hat. Zum Teil kann man diesen Strom auch in einer dazugeschalteten Batterie speichern, wenn der Elektromotor gelegentlich weniger arbeiten muss. Die Analogie Brennstoffzelle – Verbrennungskraftmaschine mit Wasserstoff kann man genauso gut für Alkohole und Pflanzenöle erweitern: Wesentlich ist dabei, dass in dieser Rolle die Verbrennungskraftmaschine, genau wie die Brennstoffzelle, nur in einem Funktionspunkt oder in einem engen Funktionsfenster arbeiten muss (also nicht mehr alle 30 Sekunden von 1000 auf 8000 Umdrehungen pro Minute aufheulen, wie im Auto eines jungen und wilden Fahrers, nicht mehr dauernd von 10 auf 400 PS hochgehen, weil der Wilde gegenüber der zitternden und schweißgebadeten neuen Freundin auf dem Beifahrersitz unbedingt alle zwei Minuten imponieren muß).

Das hat, wie beim Wasserstoffbetrieb erwähnt, zwei Vorteile:

Zum einen kann man den Prozess in so einem Fenster sehr exakt tunen, zum anderen ist dafür ein High-Tech-Viertaktmotor nicht mehr erforderlich, ein Zweitakter, ein Wankel oder eine Gasturbine tun es auch, aber meist preiswerter und effizienter.

These 48: Verbrennungskraftmaschinen in der Rolle einer Brennstoffzelle sind nichts anderes als stinknormale Stromgeneratoren, ob für die Dorfbeleuchtung, fürs Schiff oder für die Lokomotive. Ein solcher Vergleich ist aber sehr gesund:
man legt häufig große, aber nicht selten unbegründete Hoffnungen in einen Schauspieler, nur weil er in einer anderen Rolle so gut war.

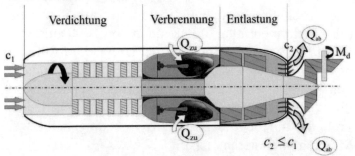

Bild 8   *Gasturbine als Stromgenerator: Verdichtung, Verbrennung, Entlastung, finden in separaten und dafür optimierten Modulen statt [1]*

Der Star der Vorstellung ist, für viele unerwartet, die Gasturbine:

Alle Zustandsänderungen – Verdichtung, Verbrennung, Entlastung – finden gleichzeitig statt, jede davon in einem eigens dafür entwickeltes und optimiertes Funktionsmodul.

Dagegen wirkt die Kolben-Zylindereinheit eines Kolbenmotors einmal als Verdichter, dann als Brennraum, als Entlastungsmodul und auch noch als Gaswechselanlage, Abgas raus, frische Luft rein – die Kompromisse sind dabei vorprogrammiert.

Von der optimalen Gestaltung, nur für Einspritzung und Verbrennung des Kraftstoffes, profitiert bei der Gasturbine die Brennkammer am meisten: Infolge der kontinuierlichen Massenströme von Luft und Kraftstoff ist die Einspritzdüse stets offen und wird drallförmig ausgeführt, um den Kraftstoff besser zu verteilen.

Dadurch kann frisch gepresstes Kokosnussöl genauso gut wie Methanol aus Pflanzenresten eingespritzt werden. Sogar mit Gemischen aus beiden erreicht man, bei angepasster Dosierung, die gewünschte Leistung.

These 49: In eine Gasturbine die als Stromgenerator arbeitet kann man Kokosnussöl oder Kartoffelschalen-Schaps einspritzen und verbrennen. Wenn man stattdessen durch die gleichen Düsen Wasser einspritzt und den Generator als Motor drehen lässt, entsteht daraus eine kräftige Klimaanlage.

Literatur zu Teil III

[1] Stan, C.: Thermodynamik für Maschinen- und Fahrzeugbau, Springer Vieweg, 2020, ISBN 978-3-662-61789-2

[2] Miller, L.M. et al: Two methods estimating limits to large scale wind power generation, PNAS (Proc. of National Academy of Sciences, USA), September 8, 2015 112 (36) 11169-11174, Edited by Chr. Garrett, University of Victoria, Kanada

[3] Hahn, B. et al.: Die Grenzen des Wachstums sind noch nicht erreicht, Windindustrie in Deutschland, November 2015

[4] Mills, A.; Wisera, R.; Kevin Porter, K.: The cost of transmission for wind energy in the United States: A review of transmission planning studies. In: Renewable and Sustainable Energy Reviews 16, Ausgabe 1, 2012

[5] Hirschberger, St. et al: Comparative Assessment of Severe Accidents in the Chinese Energy Sector. Scherer Institute, March 2003, ISSN 1019-0643

[6]   ***   Annual Energy Outlook 2019, US Energy Information Administration, USA

[7]   Bundesministerium für Bildung und Forschung: Innovation-Strukturwandel, „Fluss-Strom Plus", BMBF,10/2018

[8]   ***   Power Reactor Information System, International Atomic Energy Agency, 2020

[9]   Gerstner, E.: Nuclear energy: The hybrid returns, Nature Journal Nr. 460, 2009

[10]   Stan, C.: Alternative Antriebe für Automobile, 5. Auflage, Springer Vieweg, 2020, ISBN 978-3-662-61757-1

[11]   Stan, C.: Direkteinspritzsysteme für Otto- und Dieselmotoren, Springer Verlag Berlin-Heidelberg-New York, 1999 ISBN 3-540-65287-6

Teil IV

Energie nutzt Kohlendioxid

15

Kohlendioxidfressende Wärmekraftmaschinen

Klimaneutralität bedeutet keineswegs emissionsfreie Funktion von Systemen, Maschinen und Anlagen, die Strom, Wärme oder Arbeit generieren.

Die Europäische Kommission sieht auf dem Weg zu einer Klimaneutralität folgende Maßnahmen vor: *„Energieeffizienz, Nutzung erneuerbarer Energien, emissionsminimierte (well-to-wheel) und vernetzte Mobilität, Industrie und Wirtschaft mit Kohlendioxide-mission-Kreislauf, Infrastruktur- und Netzverbindungen, Biowirtschaft und natürliche CO_2-Senkung sowie CO_2-Abscheidung und -Speicherung der verbleibenden Emissionen"*. Gut: Wie jede Lokomotive heißen soll, die den einen oder den anderen Zug aus dem Dreck ziehen soll, haben wir hiermit erfahren, nun muss jemand diese Loks auch konkret entwickeln und bauen.

Die tragenden Säulen der Klimaneutralität sind die Energieumwandlung und die Energieübertragung in technischen Systemen: Die Energieformen Arbeit und Wärme, ihr Austausch und die Verbrennung oder Ver-stromung der jeweiligen Energieträger müssen dazu aus einer neuen Perspektive analysiert, berechnet und optimiert werden.

Versuche, klassische Verfahren für das neue Ziel fit zu machen werden kaum Erfolg haben. Die Entwicklungsingenieure in den Bereichen Maschinenbau, Energietechnik und Fahrzeugtechnik haben die klare Aufgabe, klimaneutrale Systeme und Prozesse von den thermodynamischen Grundlagen bis zu den innovativen und oft unkonventionellen Ausführungen zu kreieren.

These 50: Auf dem Weg zur Klimaneutralität reicht es nicht aus, Prozesse in einzelnen Systemen neu zu gestalten, darüber hinaus ist es notwendig, Energien von mehreren Anlagen, Maschinen, Motoren zu kombinieren, umzuverteilen und zu rezirkulieren, um letzten Endes ein weitreichendes Recycling des Kohlendioxidausstoßes zu erreichen.

In vielen Fällen werden dafür arbeitsschaffende Prozesse in Wärmekraftmaschinen mit wärmetransportierenden Prozessen in Wärmepumpen oder Klimaanlagen kombiniert [1]. Kühlwasser- und Abgaswärme von Kolbenmotoren werden in anderen Anlagen für einen Wärmetransport kombiniert, Abwasser wird für Heizung genutzt. Aus dem Kohlendioxidausstoß von Kohlekraftwerken oder Stahlwerken wird Kraftstoff für Otto- und Dieselmotoren hergestellt.

Solche kombinierten Systeme und Prozesse werden oft technisch komplex oder kostenintensiv. Das Hauptziel – die kohlendioxidneutrale Funktion – rechtfertigt aber solche Nachteile.

Wärmekraftmaschinen können durchaus mit Treibstoff auf Basis des Kohlendioxids aus den Verbrennungsanlagen in Heiz- und Kraftwerken, in Stahlwerken oder Zementfabriken mechanische Arbeit leisten. Solche Arbeit wird für die Mobilität auf der Erde, in der Luft und auf See, aber auch in stationären Anlagen wie Stromgeneratoren, Kompressoren und Pumpen benötigt.

Alkohole und Öle aus pflanzlichen Energieträgern müssen zwar Erdöl und Erdgas als fossile Kraftstoffe für Wärmekraftmaschinen ersetzten, aber das reicht noch nicht aus: Die Photosynthese in den Pflanzen schafft ein effizientes Recycling des durch Verbrennung emittierten Kohlendioxids. Jedoch stellt ein Recycling der Kohlendioxidemissionen von Energie- und Industrieanlagen die (noch) auf Kohle-, Erdöl-, und Erdgasbasis arbeiten eine erste Stufe der Umweltentlastung dar.

Die Bundesrepublik Deutschland hat durch ihre wirtschaftlichen und industriellen Leistungen die höchsten Kohlendioxidemissionen in Vergleich zu allen europäischen Ländern - 800 Millionen Tonnen pro Jahr (2018). Davon stammen 300 Millionen Tonnen vom Energiesektor, 133 Millionen Tonnen von den Heizungsanlagen in Unternehmensgebäuden und Wohnungen, 160 Millionen Tonnen aus der Industrie und 160 Millionen Tonnen vom Straßenverkehr (Automobile und Lastwagen). Daraus resultiert eine erste klare Aufgabe:

These 51: Die Verbrennungskraftmaschinen der Fahrzeuge im Straßenverkehr haben die gleichhohe Kohlendioxidemission aus der Industrie aufzunehmen und in mechanische Arbeit umzuwandeln.

Jede Stufe einer solchen Umwandlung ist allerdings an Wirkungsgrade gebunden. Deswegen ist, analog den Prozessen in den Wärmekraftmaschinen selbst, eine ideale, vollständige Umsetzung nicht möglich. Der dadurch erreichbare Recyclinggrad des Kohlendioxids ist dennoch ein unerlässlicher Beitrag zur Umweltschonung [2].

In einem deutschen Stahlwerk (Thyssenkrupp, Duisburg) werden jährlich 15 Millionen Tonnen Stahl produziert, wobei 8 Millionen Tonnen CO_2 - 1% der gesamtendeutschen CO_2 Emission - entstehen. Durch ein neues Verfahren (Carbon2Chem, 2018) wird das vom Stahlwerk emittierte Kohlendioxid in Filtern gesammelt, gespeichert und anschließend durch Synthese mit Wasserstoff in Methanol umgewandelt. Dabei wird der Wasserstoff direkt neben dem Werk, mittels eigenen, dezentralen Windkraftanlagen elektrolytisch hergestellt.

Das Abgas aus dem Stahlwerk wird in einen Speicher angesaugt, das enthaltene Kohlendioxid wird über einen alkalischen Filter bei 80°C-120°C separiert, wonach der Filter gekühlt und das Gas zu einem Behälter geführt wird. Dieser Prozess erfolgt zyklisch. Das Kohlendioxid wird vom Behälter zu einer chemischen Anlage geleitet und mit einer Wasserstoff-Strömung über Katalysatoren zu einer Synthese-Reaktion geführt, woraus Methanol und Wasser resultieren.

Das Carbon2Chem Programm sieht die zukünftige Umwandlung von 20 Millionen Tonnen CO_2 pro Jahr vor. Eine ähnliche Anlage wurde vor kurzem in Island in Betrieb genommen: Dort werden aus 6000 Tonnen CO_2 4000 Tonnen Methanol hergestellt, wobei die Wasserstoffproduktion mittels umweltfreundlicher Elektrolyse mit 600 MW erfolgt.

Das in dieser Weise hergestellte Methanol wird neuerdings in großen Schiffs-Dieselmotoren als Treibstoff eingesetzt.

Wärtsila hat dafür, wie im Kapitel 14.2 erwähnt, einen neuartigen Viertakt-Dieselmotor, B&W/MAN einen Zweitaktmotor, beide mit Hochdruck-Direkteinspritzung entwickelt. Beide Motorenarten unterscheiden sich in Bezug auf Gemischbildungs- und Verbrennungsverfahren grundsätzlich von den klassischen Dieselmotoren. Der Vorteil des Methanols als Haupt-Kraftstoff in Dieselmotoren besteht nicht nur in dem Recycling des Kohlendioxids, sondern auch in der erheblichen Senkung der Stickoxidemission, unter der gesetzlichen Grenze und in der kompletten Eliminierung der Partikelemission.

Im Bild 9 sind die Einspritzung und die Verbrennung in einem Viertakt-Dieselmotor mit Piloteinspritzung von Biodiesel und Haupteinspritzung von Methanol schematisch dargestellt.

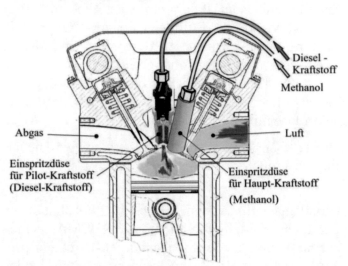

Bild 9 *Diesel-Viertaktmotor mit Pilot-Einspritzung von Diesel-kraftstoff und Haupteinspritzung von Methanol [3]*

Ottomotoren mit Methanol-Saugrohreinspritzung werden in China, wie im Kapitel 14 erwähnt, in großem Maßstab eingesetzt: 80% von den 10.000 Taxis in der Metropole Xi´an fahren mit 100% Methanol, das ist überzeugend – sie brauchen nur noch eine Thyssen-krupp-Stahlgießerei am Stadtrand.

Was machen aber die Taxifahrer und der Otto-Normal-Verbraucher, der Ottomotor mit Methanol fährt, wenn es keine Stahlgießerei am Stadtrand gibt? Erstmal können sie froh sein.

Zum Zweiten: Die SUV-Fahrer mit 8-Zylindermotoren, die am Stadtrand, an einer Anlage mit Windkraft-rad für Wasserstoff-Elektrolyse, CO_2-Fangfilter und Methanolsynthese-Block vorbei fahren wollen, sollen erstmal raus gewunken werden: bitte, erstmal Kohlendioxid aus den vier verchromten Auspuffrohren in den

Filter der Methanol-Fabrik bei Volllast, eine halbe Stunde lang, zum Wohle des methanolfahrenden Volkes pusten. Und was bringt das? Der Mega-SUV-Fahrer wäre so oder so Volllast gefahren, am Ende käme die gleiche Emission raus. Eben nicht: Wenn er erstmal Methanol für den Otto produziert, ist sein SUV-Tank fast leer, er muss dann sehen, wie er nach Hause mit einer sanften Last kommt.

16

Wärme, Strom und Kraftstoff aus Müll

Verbrennungsmotoren können, wie im Kapitel 15 erwähnt, das Methanol aus der Synthese des Kohlendioxids aus Industrieemissionen mit elektrolytisch gewonnenem Wasserstoff als Treibstoff nutzen. Die Mobilität wird demzufolge, mit Hilfe der Industrie, weitgehend kohlendioxidneutral, indem die Motoren etwa so viel davon emittieren wieviel sie bekommen. Für Deutschland heißt es: Aus 160 Millionen Tonnen CO_2, die von der Industrie ausgestoßen werden, Treibstoff machen; die 160 Millionen Tonnen CO_2, die ohnehin von Personen- und Lastwagen im Straßenverkehr entstehen, damit „neutralisieren".

Die CO_2 Emission beträgt in Deutschland jedoch viel mehr: Es sind 800 Millionen Tonnen jährlich (2018), 300 Millionen Tonnen davon nur im Energiesektor!

These 52: Grundsätzlich erscheint als praktikabel, neben jedem Heiz- und Kraftwerk, welches noch mit Kohle, Erdgas oder Erdölderivaten betrieben wird, eine Anlage zur Speicherung des abgestoßenen Kohlendioxids und eine Photovoltaik- oder Windkraftanlage zur elektrolytischen Herstellung von Wasserstoff zu versehen.

Eine sinnvolle Erweiterung dieser „Nahrungsquelle" für Verbrennungskraftmaschinen ist die Nutzung der Müllverbrennung. Dadurch entsteht auch Kohlendioxid – jedoch ist bislang die Müllverbrennung ein Verfahren, welches parallel zu Strom- oder Wärmeerzeugung verläuft, wodurch eine zusätzliche Kohlendioxidemission nutzlos die Atmosphäre belastet.

These 53: Die Müllverbrennung hat das Potential, sowohl Wärme und Elektroenergie, als auch Treibstoff für die Mobilität mit Verbrennungsmotoren zu generieren.

Weltweit gibt es 2200 Müllverbrennungsanlagen (2015), in denen 255 Millionen Tonnen Abfall verbrannt werden. Bis 2025 wird eine Zunahme auf 2750 Anlagen für 430 Millionen Tonnen Müll erwartet. In Deutschland sind derzeit 69 Müllverbrennungsanlagen im Betrieb.

Als Müll werden die Anteile von Abfall bezeichnet, die mit Sauersoff aus der Luft bei Umgebungsdruck brennen können. Das sind insbesondere der Hausmüll und der Siedlungsabfall, die vorwiegend organische Kohlenwasserstoffe enthalten. Der Heizwert von solchem Müll beträgt ein Viertel der üblichen Werte für Benzin und Dieselkraftstoff [1]. Aus einem Kilogramm feuchtem Müll können 0,36 Kilowatt-Stunden Elektroenergie gewonnen werden, wobei die Verfahrensstufen und die dazu gehörenden Wirkungsgrade zu berücksichtigen sind.

In einer Müllverbrennungsanlage wird nach der Mülltrocknung bei über 100 °C eine Entgasung bei 250-900

°C und anschließend eine Verbrennung unter Sauerstoffmangel bei 800-1150 °C vorgenommen, woraus
Kohlenmonoxid und unverbrannte Kohlenwasserstoffe bei geringer Stickoxidemission entstehen [1]. In
einer weiteren Stufe des Brennprozesses wird nochmal
Luft zugeführt, wodurch die Zwischenprodukte vollständig zum Kohlendioxid und Wasser verbrannt werden. Dieses Zweistufen-Verbrennungsverfahren ist
ähnlich jenem in früheren Dieselmotoren mit Vor- und
Wirbelkammer und dient letzten Endes einer vollständigen Verbrennung mit viel Kohlendioxid und möglichst wenig Kohlenmonoxid und Stickoxiden.

Das somit entstandene Rauchgas gibt die Wärme an
die Heizflächen des Dampfkessels ab, der für Warmwasser sorgt.

Bei der Verbrennung des Mülls ist allgemein nicht bekannt, welche in ihm beinhaltete Stoffe in welchen
Mengen zu einem bestimmten Zeitpunkt in die Reaktion eingehen. Kritisch sind beispielsweise PVC, Batterien, elektronische Bauteile und Lacke, wodurch
auch Chlorwasserstoffsäure (Salzsäure), Fluorwasser-
stoff (Flusssäure) sowie Quecksilber und schwerme-
tallhaltige Stäube entstehen können. Aus diesem
Grund ist die Abgasreinigung besonders wichtig. Das
hilft wiederum der Gewinnung von sauberem Kohlendioxid, welches bei der Synthese mit Wasserstoff zu
purem Methanol führt.

Jeder Einwohner Europas produziert im Durchschnitt
475 Kilogramm Müll jährlich (in Deutschland nur 455
[kg/Jahr]), das sind 1,3 Kilogramm pro Tag!

Der Restmüll, nach der Trennung, gelangt allgemein in
Müllverbrennungsanlagen.

In dem Heizkraftwerk München Nord werden jährlich in einem ersten Anlagen-Modul 800.000 Tonnen Steinkohle befeuert, in weiteren zwei Modulen werden 650.000 Tonnen Restmüll verbrannt. Durch die Verbrennung dieser Energieträger werden 900 Megawatt Wärme und 411 Megawatt Elektroenergie generiert. Die jährliche Kohlendioxidemission der Gesamtanlage beträgt rund 3 Millionen Tonnen pro Jahr (2015). Als Vergleich: im Stahlwerk Duisburg von Thyssenkrupp entstehen 8 Millionen Tonnen CO_2 jährlich.

Eins der weltweit modernsten Heizkraftwerke mit Müllverbrennung befindet sich in Bozen/Südtirol, Italien. Südtirol hat eins der strengsten ökologischen Umweltgesetze Europas, von der Sammlung bis zur Verwertung aller Arten von Abfällen: 52% der Abfälle der Region werden recycelt, 44% werden verbrannt, nur 4% werden gelagert. In der Müllverbrennungsanlage werden 130.000 Tonnen Müll jährlich verbrannt, und damit 59 Megawatt Wärme und 15 Megawatt Elektroenergie produziert. Alle emittierten Schadstoffe sind weit unter den besonders niedrigen zulässigen Grenzen. Dioxin 1% der Norm, Stickoxide 15% der Norm, Partikel 8% der Norm. Das Abgas besteht praktisch nur aus Kohlendioxid und Wasserdampf. Der nächste Schritt ist auch in diesem Fall die zusätzliche Erzeugung von Methanol.

These 54: Die regionale Verwertung vom Müll löst nicht nur das Problem überfüllter Mülldeponien, sondern trägt auch zur Versorgung mit Wärme, Elektroenergie und Treibstoff, mit einem beachtlichen Anteil, neben den zentralen Versorgungsnetzen, bei. Sie ist aber in erster Linie ein wesentlicher Beitrag zur Senkung der Kohlendioxidbelastung der Umwelt.

Urlauber aufgepasst: Wer von Deutschland, Holland oder Norwegen über den Brenner nach Garda oder in die Toskana fährt, sollte zwei Säcke mit Hausmüll aufs Autodach packen und in Bozen Rast machen. Für den Müll bekommen die Verbrenner-Fahrer Methanol, die Elektro-Fahrer Strom. Ab jetzt wird der Autor dieses Buches nur noch gut getarnt nach Italien fahren.

Wärme, Strom und Kraftstoff aus Biogas

Biogas besteht zu 50-75% aus Methan. Der Energieträger Methan hat etwa den gleichen Heizwert wie Benzin und Dieselkraftstoff [1]. Es wird daher auch als Brennstoff oder Treibstoff in Heizungsanlagen, Heizkraftwerken und Wärmekraftmaschinen aller Art verwendet.

Biogas entsteht durch Vergärung von Biomasse jeder Art – Bioabfall (Speisereste, Rasenschnitt), Gülle, Mist, Pflanzenreste oder gezielt angebaute Energiepflanzen. Schweinemist hat beispielsweise einen Biogasertrag von 60 m^3/Tonne mit 60% Methangehalt, Hühnermist 80 m^3/Tonne mit 52% Methangehalt, Bioabfall 100 m^3/Tonne mit 61% Methangehalt.

Biogas ist das ziemlich explosionsfähige Produkt der Zersetzung organischer Anteile in der Biomasse durch Mikroorganismen, unter Ausschluss von Sauerstoff. Während dieses Prozesses werden die enthaltenen Kohlenhydrate, Eiweiße und Fette hauptsächlich in Methan und Kohlendioxid umgewandelt.

Das Methan von Biogas kann aufgrund der gleichen Eigenschaften in beliebigen Anteilen mit Erdgas gemischt werden. Beide können separat oder in variablen

© Der/die Autor(en), exklusiv lizenziert durch
Springer-Verlag GmbH, DE, ein Teil von Springer Nature 2021
C. Stan, *Energie versus Kohlendioxid*,
https://doi.org/10.1007/978-3-662-62706-8_17

Gemischen in Feuerungsanlagen und in Wärmekraftmaschinen für stationären oder für mobilen Einsatz als
Brennstoff/Kraftstoff genutzt werden. Das ist eine gute
Voraussetzung für den schnellen Übergang von fossilen zu regenerativen Treibstoffen.

Wärme und Elektrizität mit Biogas

Die Biogas-Nutzung innerhalb einer Biogasanlage,
mittels Verbrennungsmotoren, die als Generatoran-
triebe zur Erzeugung elektrischer Energie wirken, ist
besonders vorteilhaft. In Deutschland gibt es 9500 derartige, dezentral arbeitende Anlagen (2019), in anderen
Ländern nimmt diese Art der Verwendung von Biogas
zu. Als Beispiel: In der kleinen Biogasanlage in einer
ländlichen osteuropäischen Region, in Transsylvanien,
werden täglich von 55 Tonnen Kuhmist aus einer einzigen benachbarten Farm 370 Kilowatt-Stunden
[kWh] Elektroenergie gewonnen. Diese Energie würde
reichen, um die 32,3 kWh Batterien von elf VW eUp
vollständig zu laden [4]. Damit könnten aber auch Verbrennungsmotoren für Fahrzeuge angetrieben werden,
wie in einem weiteren Abschnitt dieses Kapitels erklärt.

Der Weg zum Bio-Methan verläuft über mehrere Pro-
zessabschnitte, von der Hydrolyse und Acidogenese,
über eine Acetogenese bis zur Methanogenese. Dabei
entsteht neben Methan auch Wasser, aber auch ein Anteil an Kohlendioxid. Das gewonnene Methan kann
über eine weitere Reaktionsstufe auch in flüssiges Methanol, zum Beispiel für Fahrzeugmotoren, auf Grund
der besseren Speicherung an Bord umgesetzt werden.

These 55: Elektroautos sind auf dem Dorf möglicherweise vorteilhafter als in der City: Aus hundert Tonnen Kuhmist pro Tag kann man, ebenfalls für die Fahrten an einem Tag, zwanzig Elektroautos oder den Schulbus fahren lassen.

Biogas, gegenwärtig noch gemischt mit Erdgas aus den bestehenden Erdgasnetzen, ist der meist eingesetzte Kraftstoff in Blockheizkraftwerken, in denen Elektroenergie und Nutzwärme generiert werden. Als Wärmekraftmaschinen zur Umwandlung der Kraftstoffenergie in mechanischer Arbeit für Stromgeneratoren und in Wärme werden Otto- und Dieselmotoren, Gas- und Dampfturbinen, Stirling Motoren und Dampfkraftanlagen eingesetzt.

Der Vorteil von Kraft-Heizkraftwerken gegenüber den getrennten Anlagen zur Erzeugung von Wärme und von Elektroenergie liegt in der effizienteren Nutzung der Kraftstoffenergie.

In Kraftwerken zur alleinigen Elektroenergie-Erzeugung mittels einer Wärmekraftmaschine, die häufig ein klassischer Verbrennungsmotor ist, werden generell etwa 30% der zugeführten Wärme für die Motorkühlung und ein gleicher Prozentsatz durch die Abgaswärme ungenützt an die Umgebung abgegeben.

In Kraftwerken die neben Strom auch Wärme erzeugen werden diese beiden Anteile für Heizzwecke oder für andere Wärmeanwendungen genutzt, wodurch der gesamte thermische Wirkungsgrad eines solchen Verbrennungsmotors auf 80% bis 90% steigt. Damit wird der Verbrennungsmotor einem Elektromotor ebenbürtig in Bezug auf die Effizienz.

In zwei neuen Anlagen dieser Art, die in Chemnitz, Deutschland, in Betrieb genommen werden (2020), sind fünf, beziehungsweise sieben große Gasmotoren eingesetzt, um 150 Megawatt elektrische und 130 Megawatt thermische Leistung zu generieren. Für die Wärmeversorgung der Stadt werden zusätzlich drei neue Heizkessel eingesetzt, die ebenfalls mit Erdgas/Biogas befeuert werden und eine Leistung von insgesamt 100 Megawatt erbringen. Die Kombination von Motor-Kraftheizwerken und Heizkessel mit gleichem Treibstoff, Erdgas/Biogas ist derzeit die modernste Form der Versorgung mit Elektroenergie und Wärme, dadurch wird eine Senkung der Kohlendioxidemission von bis zu 40% gegenüber traditionellen Kohle-Kraftwerken erreicht.

Automobile Antriebe mit Biogas

Die Nutzung von Methan, derzeit aus Biogas-Erdgas-Gemisch, zukünftig aus 100% Biogas, in Wärmekraftmaschinen für Mobilität ist ein weiteres Feld mit einem besonders großen Potential in Hinblick auf die globale Senkung der Kohlendioxidemission.

Aufgrund der ähnlichen Werte von Luftbedarf und Heizwert von Methan und Benzin ist eine Umstellung von Fahrzeugen mit Ottomotoren auf Methanbetrieb weitgehend unproblematisch [4]. Eine derartige Umstellung ist von der erheblich höheren Oktanzahl des Methans im Vergleich zu Benzin besonders begünstigt: In Motoren die nur mit Methan arbeiten kann dadurch das Verdichtungsverhältnis erhöht werden, wodurch der Wirkungsgrad merklich zunimmt. Allgemein ist jedoch, aufgrund der noch schwachen Versorgungsinfrastruktur für Erdgas/Biogas eine bivalente Nutzung von Erdgas und Benzin im gleichen Motor üblich – zwei Tanks, aber der gleiche Motor, mit separaten Einspritzsystemen für die zwei Kraftstoffe.

Bei stationärem Einsatz, wie in den vorher beschriebenen Motor-Heizkraftwerken, kommt das Gas über Leitungssysteme, wodurch die Gasspeicherung keine Probleme stellt.

Im mobilen Einsatz jedoch, in einem Automobil oder Nutzfahrzeug, wird das Gas an Bord in einem Tank gespeichert, wobei die Speichermenge einer vertretbaren Reichweite entsprechen muss. Eine hohe Gasdichte bekommt aus dieser Perspektive eine besondere Bedeutung für den mobilen Einsatz – dadurch kann viel mehr Masse in einem relativ begrenzten Volumen gespeichert werden. Und der Heizwert eines gasförmigen Treibstoffs ist immer auf seine Masse bezogen, die sich nicht mit Druck oder Temperatur verändert, wie das Volumen.

Die meist angewandte Technik für den mobilen Einsatz ist die Druckerhöhung auf 200 bar, allgemein bezeichnet als CNG (Compressed Natural Gas) - wodurch die Gasdichte, entsprechend, um das 200-fache auf 0,131 kg/Liter steigt (Wasser hat bei Umgebungstemperatur und Druck 1 kg pro Liter). Flüssiges Benzin hat mit 0,75 kg/Liter eine nahezu sechsfache Dichte als Methan, bei etwa gleichem Heizwert. Das beeinflusst erheblich die Reichweite [4].

Derzeit werden zahlreiche moderne Automobile mit CNG/Benzin-Betrieb hergestellt (2020): Beispiele sind Audi A3 Sportback (96 kW), Skoda Skala G-Tec (66 kW), VW Golf (96 kW), Fiat Panda (52 kW), Seat Ibiza (66 kW). Bei all diesen Modellen beträgt die

Reichweite im CNG Betrieb, aufgrund des Gasdichteproblems, trotz der größeren Gasflaschen im Vergleich zu den Benzintanks, kaum die Hälfte jener bei Benzin-Betrieb.

Eine Alternative zur Druckerhöhung zwecks höherer Methandichte ist die Temperatursenkung. Als Folge muss das Gassystem thermisch isoliert werden.

Weil die Isolierung bei einer Gaskühlung ohnehin aufwändig ist, macht es Sinn, bis in die flüssige Phase des Methans hinein zu gehen, bei der die Dichte gegenüber der Gasphase sprunghaft steigt. Das bei minus161-164 °C und Umgebungsdruck verflüssigte Methan – allgemein bezeichnet als LNG (Liquefied Natural Gas) - hat gegenüber CNG die dreifache Dichte. Die kryogene Speichertechnik ist aber technisch aufwändiger und kostspieliger. Deswegen wird diese Variante in erster Linie bei großen Schiffen, insbesondere bei LNG-transportierenden Tankern verwendet. Es gibt derzeit (2020) über 320 LNG-betriebene Schiffe und über 500 neue Bestellungen.

In Straßenfahrzeugen wird LNG aufgrund der kostenintensiven Speicherung nicht für Automobile, sondern nur für große Nutzfahrzeuge angewendet - Scania mit 302 kW Ottomotoren, IVECO mit 339 kW Ottomotoren. Volvo hat Dieselmotoren mit LNG-Einspritzung entwickelt, bei denen die Zündung mit einer Piloteinspritzung einer kleinen Menge Dieselkraftstoff erfolgt., wie im Kapitel 15 erklärt,

Inzwischen entstehen in Europa auch Flüssig-Biogasanlagen mit weitreichenden Tankstellen-Netzen.

Die Bio-LNG-Nutzung in Automobilen mit Otto- und Dieselmotoren erscheint daher als vielversprechend.

Ab diesem Punkt wird ein Vergleich zwischen Bio-LNG und Bio-Methanol-Verwendung in Automobilmotoren nach technischem Aufwand und Kosten erforderlich. Bio-Methanol, einsetzbar wie im Kapitel 15 beschrieben, kann nämlich auch aus Biogas durch Synthese mit Wasserstoff gewonnen werden. Die Energie für die elektrolytische Wasserstoffgewinnung kann vom biogasbetriebenen Blockheizkraftwerk an der Biogasanlage oder durch die dort installierten Wind-/ Solarkraftanlagen generiert werden. Was wird dann von Technik und Kosten her günstiger: Die Produktion des tiefgekühlten LNG und seine Speicherung und Einspritzung über thermisch isolierte Anlagen, oder die Herstellung von Methanol aus Biogas und Wasserstoff, wobei flüssiges Methanol genauso unaufwändig wie Benzin gespeichert und eingespritzt werden kann? Das werden zukünftige Pilotprojekte zeigen.

Aber bis die Wissenschaft noch so richtig ansetzt, bleiben wir noch in dem kleinen Dorf in Transsylvanien. Eines Tages hält ein Tourist aus Westeuropa mit seinem schicken Elektroauto vor der Anlage an, die mit einem tollen, großen Schild geschmückt war: „Wir machen Strom aus Mist". Das Elektrotankstellennetz über alle Länder bis dahin war zufriedenstellend, auch wenn er oft Pferdewagen-Tempo halten musste, zur Verärgerung aller folgenden Motorfahrzeuge. Aber nicht mehr in Transsylvanien. Der Fahrer sah das Schild wie eine Rettung und fuhr an eine Steckdose, die er an der Wand sah. Eine alte, gemütliche Bäuerin kam aus dem Gebäude und entschuldigte sich: "Heute kein Strom, tut mir leid, warten Sie bis morgen, ich mache Ihnen etwas Gutes zu essen!" Der Tourist sagte verdutzt. "Es steht aber da, auf dem Schild. Sie machen doch Strom aus Kuhmist, haben Sie keine Kühe mehr?" „Kühe schon, aber heute keinen Mist". Der Tourist suchte in seinem Gehirn nach allen anatomischen und physiologischen Kenntnissen, die er über lebende Wesen ein Leben lang gesammelt hatte. Die alte Bäuerin sagte: „Die Kühe sind durch eine Zaunlücke auf die Wiese des Nachbarn übergelaufen, der hatte so einen großen Haufen faule Äpfel in einer offenen Scheune. Der Mist, den sie nach solchen Delikatessen produziert haben, war nicht mehr transportfähig!" Inzwischen näherte sich der Nachbar mit einem Eimer voller gelber Flüssigkeit: „Frau Nachbarin, tut mir leid für deine Kühe, ich war gerade beim Apfelschnapsbrennen. Die Äpfel, die sie gefressen haben, wollte ich mitverarbeiten, es war aber zu spät!" Er wendete sich dann zum verzweifelten Fahrer: „Ich sehe, Sie kommen nicht weiter. Sie sind nicht der erste, der hier Strom tankt. Aber heute gibt's eben keinen Strom, dafür habe ich Ihnen einen Eimer Apfelschnaps mitgebracht. Sie haben doch einen Hybrid mit Elektro- plus Ottomotor, oder?" Der Tourist starrte den guten Mann an und sagte:

"Das ist ein reines Elektroauto."

Dann nahm er den Eimer aus der Hand des Bauern und trank in vollen Zügen, als hätte er selbst keinen Saft mehr gehabt.

18
Wärme aus Abwasser und supereffiziente Verbrennungsmotoren mit Bionahrung

These 56: Der Verbrennungsmotor ist ein Klimaretter: Er frisst das Kohlendioxid der Industrie, umgewandelt in Methanol, er frisst Mist aus Landwirtschaft und städtischen Kläranlagen, umgewandelt in Biogas oder weiter in Methanol, er frisst Hausmüll, umgewandelt in Kohlendioxid und weiter in Methanol.

Kann der Verbrennungsmotor auch noch mehr? Ja, wenn er seine Vielfalt zeigen darf ist er ein Energieumwandlungswunder!

In Wärmekraftmaschinen allgemein wird Arbeit infolge einer Umwandlung von Wärme erzeugt. Die Wärme kommt idealerweise, wie erwähnt, aus der Verbrennung umwandelter Abfälle von Industrie, Land- und Hauswirtschaft.

In dieser Weise wird die für Elektroenergieerzeugung oder für Mobilität gewonnene Arbeit weitgehend klimaneutral. Darüber hinaus kann, wie beschrieben, auch die von der Wärmekraftmaschine abgeführte Wärme als Nutzwärme in anderen Anlagen verwendet werden.

© Der/die Autor(en), exklusiv lizenziert durch
Springer-Verlag GmbH, DE, ein Teil von Springer Nature 2021
C. Stan, *Energie versus Kohlendioxid*,
https://doi.org/10.1007/978-3-662-62706-8_18

These 57: Ein Verbrennungsmotor kann auch vier Mal mehr Energie (als Wärme) generieren, als die Energie, die ihm aus Müll, Mist und Industrieabgas zugeführt wurde.

Reden wir von einem Perpetuum mobile höheren Grades? Keineswegs!

Wir müssen nur eine Energieumwandlung (von Wärme in Arbeit) von einem Energietransport (Wärme mittels Arbeit) klar unterscheiden:

Energieumwandlung: Eine Wärmekraftmaschine, beispielsweise ein Dieselmotor, empfängt Wärme aus der Verbrennung eines Kraftstoffes mit Sauerstoff aus der Luft und wandelt sie zu 40-47% in Arbeit um. Der Rest der Wärme wird normalerweise durch Motorkühlung (25-28%) und über die verbrannten und ausgestoßenen Gase (25-30%) bei hohen Temperaturen 500-700°C an die Umgebung abgegeben. Ein geringer Prozentsatz der zugeführten Energie wird auch noch als Reibung in den bewegten Motorteilen verloren.

Energietransport: Wärme kann von einem System mit niedrigerer Temperatur aufgenommen und zu einem System mit höherer Temperatur transportiert und abgegeben werden, wenn dafür eine mechanische Arbeit geleistet wird. Die Arbeit entspricht der Differenz zwischen abgeführter und zugeführter Wärme [1].

Die Wärme von Abwasser aus Wohn- und Industriegebäuden oder von Kühlwasser aus Wärmekraftmaschinen und anderen Anlagen oder Prozessen kann bereits von einer Temperatur von 10 – 20 °C einem Arbeitsmedium im geschlossenen Kreislauf durch Wärmetauscher übertragen werden und durch dessen Verdichtung bei Temperaturen von 70 – 80 °C über entsprechende Wärmetauscher einem Heizsystem übertragen werden. Für die Verdichtung des Arbeitsmediums ist eine entsprechende Arbeit erforderlich.

Wenn eine Abwasserströmung ein Rohr mit dem Durchmesser von einem Meter durchläuft, auf 70 Meter Länge von einem spiralen Wärmetauschrohr umwickelt ist und dadurch nur 4 °C abgibt, entsteht bereits ein Wärmestrom von 33 Kilowatt. Dieser Wärmestrom wird im Wärmetauschrohr dem Arbeitsmedium übergeben.

Das dampfförmige Arbeitsmedium kann anschließend mit einem Verdichter oder Kompressor auf einen höheren Druck gebracht werden. Dadurch steigt aber auch seine Temperatur, beispielsweise bis 70 °C.

In dem Zustand überträgt das Arbeitsmedium über einen Wärmetauscher (Heizkörper) einen entsprechenden Wärmestrom dem Wasser in einem Heizungskreislauf. Nach dem Wärmeaustausch wird das teilweise kondensierte Arbeitsmedium in einem Entlastungsmodul – allgemein ein Entlüftungsventil oder Drossel - auf den ursprünglichen Druck gebracht, wodurch seine Temperatur sinkt, und zwar weit unter jene der Abwasserströmung am Eingang in den spiralen Wärmetauscher, von wo aus der Zyklus wieder beginnt.

Das Arbeitsmedium wird so gewählt, dass es im Wärmetauscher auf der Abwasserseite kondensieren und in dem Wärmetauscher (Heizkörper) auf der Heizungskreislauf-Scite verdampfen kann. Dadurch wird in beiden Wärmetauschern ein jeweils intensiver Wärmeaustausch gewähleistet.

Der Transport und die Verdichtung des Arbeitsmediums werden, wie erwähnt, von einem Verdichter oder von einem Kompressor geleistet. Die Verdichtungsarbeit kann entweder von einem Elektromotor oder von einer Wärmekraftmaschine realisiert werden. Ein Elektromotor hat einen Wirkungsgrad von 90 – 95%, die Elektroenergie wird ihm aber allgemein von einem Kraftwerk zugeleitet. Dieses hat, je nach verwendetem Energieträger – Kohle, Erdgas, Erdöl oder Kernenergie – einen Wirkungsgrad von 25% bis 50%. Dadurch bleibt der Gesamtwirkungsgrad bei der Nutzung eines Verdichters mit Elektromotor unter 47%.

Einen solchen Wirkungsgrad hat üblicherweise auch ein stationär arbeitender Dieselmotor neuerer Generation. Gewiss, es sollte auch in diesem Fall die gesamte Energiekette von der Erdölförderung und -raffinierung bis zum Transport an die Verwendungsstelle in Betracht gezogen werden.

Ab diesem Punkt zeigt aber der Dieselmotor als Modul einer Wärmepumpe seine ganzen Valenzen: Die Wärme, die durch Motorkühlung (25-28%) und über die verbrannten und ausgestoßenen Gase (25-30%) bei hohen Temperaturen (500-700°C) sonst an die Umgebung abgegeben würde, bekommt der Wärmetauscher, zusätzlich zu dem Abwasser.

These 58: Ein Dieselmotor der eine Wärmepumpe antreibt hat einen Wirkungsgrad – als Summe der Arbeit und der abgeleiteten Wärmeanteile zur zugeführten Wärme durch Verbrennung – von mehr als 90%! Damit kann er jedem Elektromotor Konkurrenz machen!

Hierzu muss aber unbedingt auch die Art der Wärme betrachtet werden, die der Motor bekommt: sie stammt nicht mehr aus der Verbrennung von Erdgas, Benzin oder Dieselkraftstoff. Es ist Methanol aus Industrie-Kohlendioxid oder aus Müllverbrennungsanlagen oder Biogas aus Mist und Abfällen.

Der Motor der mit einem solchen Kraftstoff in stationärem Betrieb den Kompressor einer Wärmepumpe anzutreiben hat muss auch nicht unbedingt ein Diesel sein. Dafür kann auch ein Otto-, ein Wankel- ein Stirlingmotor oder eine Gasturbine, je nach technischen Bedingungen und Ankopplungsbedarf zu anderen Modulen, eingesetzt werden.

Die Wärmepumpen mit Abwassernutzung werden besonders effizient, wenn der Wärmefluss 100 Kilowatt übersteigt, so in Wohnvierteln, Industriegebäuden und Einkaufszentren. Um die gesamte erforderliche Wärme für Heizung und Warmwasser in einem solchen Gebäudekomplex abzusichern werden neben der Wärmepumpe auch Heizkessel mit Brennkammern vorgesehen, die mit dem gleichen Kraftstoff wie der Wärmepumpen-Motor versorgt sind.

Gegenüber einer alleinigen Kesselheizung mit Gasbrennkammer sinkt die Kohlendioxidemission beim Einsatz einer Wärmepumpe mit Elektromotor um 45%, mit einem Gas-Ottomotor statt Elektromotor sogar um 60%! Wenn der Motor Biogas aus einer benachbarten Biogasanlage bekommt kann die Wärmepumpe als CO_2-neutral betrachtet werden. Die Nutzung von Methanol aus Industrie-Kohlendioxid und klimaneutral produziertem Wasserstoff ergibt eine noch bessere Gesamtbilanz des Kohlendioxids.

Ein gutes Beispiel von Wärmepumpe im Wohnbereich ist die Anlage in einem Block mit 78 Appartements in Berlin-Karlshorst, in dem 80% der Wärme mit einer Wärmepumpe abgesichert wird. Die Kohlendioxidemission wird somit gegenüber einer klassischen Gasheizungsanlage halbiert. Solche Anlagen können weit verbreitet werden, wenn bei der Erneuerung der Abwasserleitungen eines Orts oder Wohnviertels Rohre mit integriertem Wärmetauscher verlegt werden.

Allein das Berliner Abwasserkanalnetz besteht aus Kanälen für Schmutz-, Regen- und Mischwasser mit einer Gesamtlänge von 9.400 Kilometern! Und diese Mischung ist immer warm, im Sommer wie im tiefen Winter. Das ist eine gigantische Wärme, die bislang fast komplett verloren geht, indem sie in den vielen Klärstufen der Atmosphäre übertragen wird.

Eine sehr nützliche Eigenschaft jeder Wärmepumpe ist ihre alternative Nutzung als Klimaanlage, durch Umkehrung des Kreislaufs des Arbeitsmittels: Durch seine Ableitung nach Verdichtung zum Niedertemperatur-Wärmetauscher wird die Wärme dem Abwasser abgeführt. Durch das Entlastungsventil wird dann das Arbeitsmedium derart gekühlt, dass es in dem Obertemperatur-Wärmetauscher Wärme von dem „früheren" Heizkreislauf im Gebäude aufnehmen kann.

In dem Ort Kalundbord, Dänemark, arbeiten drei Wärmepumpen mit jeweils 3,3 Megawatt, die Abwasser von Kläranlagen bei Temperaturen von 15-30 °C nutzen, wovon so viel Wärme entzogen wird, dass die Temperatur um 5°C sinkt. Mit jeder der 3 Anlagen, in denen das Arbeitsmedium Ammoniak ist, wird so viel Wärme transportiert, dass die Wassertemperatur im

Heizungskreislauf bis auf 80 °C steigt. Die 3 Kompressoren werden von jeweils vier Kolbenmotoren angetrieben. Diese Versorgung mit Wärme und Warmwasser kommt 4400 Einwohnern zugute.

Das spektakulärste Beispiel einer effizienten Wärmepumpe bietet aber das Hotel Carlson in St. Moritz, Schweiz. Das Hotel verfügt über zahlreiche Suites, Indoor- und Outdoor-Pools, Saunen und Dampfbäder, wofür das Wasser umgewälzt und erwärmt werden muss. Der entsprechende Energieverbrauch beträgt 800.000 Kilowatt-Stunden jährlich. In einer klassischen Heizungsanlage mit Brennkammer unter einem Kessel würden dafür 80.000 Liter Schweröl verbrannt. Die vorteilhaftere Lösung in Bezug auf den Energieverbrauch und insbesondere auf die Luft in St. Moritz war, bei der Hotelrekonstruktion im Jahre 2007 eine Wärmepumpe zu installieren, die mit der Wärme der gesammelten Strömungen von Abwasser aus Bädern und Pools versorgt wird.

Diese Abwasserströmungen werden in einem Betonspeicher mit einem Fassungsvermögen von 25 Kubikmetern gesammelt und geben über einen Wärmetauscher so viel Wärme ab, bis ihre Temperatur um 3 °C sinkt, bevor sie in das Abwassersystem der Stadt geführt werden. Die Wärmepumpe wird bei dieser Anwendung von einem Elektromotor angetrieben, um die Lärm- und Schadstoffbelastung um das Hotel herum ganz zu vermeiden. Mit diesem System wird das frische Wasser auf eine Temperatur von 60 °C gebracht.

Solche Lösungen sollten tatsächlich auf breiter Ebene eingesetzt werden, gerade bei Gebäudeheizungen und Warmwasserzubereitung, weil das die Kategorie mit dem größten Anteil an Primärenergieverbrauch im Weltmaßstab ist – vor Industrie, Bau, Zementproduktion oder Verkehr.

St. Moritz ist nur 34 Kilometer Luftlinie von Davos entfernt, wo die höchsten Repräsentanten der Industrienationen der Welt über die Klimaneutralität der menschlichen Aktivitäten jährlich debattieren.

These 59: Die intelligente Ankopplung von Systemen zur Generierung von Elektroenergie, Wärme und Arbeit auf Basis von Energieträgern aus dem Wasserkreislauf oder aus dem Kohlendioxidkreislauf in der Natur hat die höchste Priorität in Bezug auf die Erhaltung der Weltklimas!

Literatur zu Teil IV

[1]   Stan, C.: Thermodynamik für Maschinen- und Fahrzeugbau, Springer Vieweg, 2020, ISBN 978-3-662-61789-2

[2]   Maus, W. (Hrsg.) et al.: Zukünftige Kraftstoffe – Energiewende des Transports als ein weltweites Klimaziel
Springer Vieweg Berlin, 2019,
ISBN 978-3662580059

[3]   Stan, C.; Hilliger, E.: Pilot Injection System for Gas Engines using Electronically Controlled Ram Tuned Diesel Injection
22. CIMAC Congress, Proceedings, Copenhagen, 04/1998

[4]   Stan, C.: Alternative Antriebe für Automobile, 5. Auflage, Springer Vieweg Berlin, 2020, ISBN 978-3-662-61757-1

Zusammenfassung der Thesen

These 1: Die Erscheinungsformen der Materie – Masse, Energie und Information –beeinflussen sich während eines Prozesses (Zustandsänderung) zwischen zwei Gleichgewichtszuständen eines materiellen Systems gegenseitig.

These 2: Die Energie die ein Mensch oder jedes andere Lebewesen für die Ernährung seiner Körpermasse zwecks einer zu führenden Arbeit benötigt, kann weder durch Sonnenstrahlung auf der Haut, noch durch Windböen in der Nase oder durch Wassermassage der Muskeln generiert werden.

© Der/die Herausgeber bzw. der/die Autor(en), exklusiv lizenziert durch Springer-Verlag GmbH, DE, ein Teil von Springer Nature 2021
C. Stan, *Energie versus Kohlendioxid*,
https://doi.org/10.1007/978-3-662-62706-8

These 3: Der Verbrennungsmotor eines modernen, durchschnittlichen Automobils emittiert bei einer jährlichen Fahrstrecke von 15.000 Kilometern im Stadt-Land-Verkehr, nach einem üblichen EU-Fahrprofil, genauso viel Kohlendioxid pro Jahr wie ein durchschnittlicher Mensch mit einem in Europa üblichen Arbeitsprogramm.

These 4: Ein Verbrennungsmotor braucht, wie der Mensch, Energieträger, die eine Photosynthese durchlaufen, wie Bioabfall, oder organische Veränderungen erfahren haben, wie Biogas. Erst dann wird ein Vergleich zwischen der Kohlendioxidemission des Menschen und des Verbrennungsmotors zulässig.

These 5: Wenn ein Mensch 24 Stunden unbekleidet unter freiem Himmel bei einer konstanten Umgebungstemperatur von 25°C bliebe, so würde ihn die Wärmestrahlung seines Körpers 2400 Watt-Stunde kosten, das sind 8640 Kilojoule, also genau die empfohlene Energietagesration für einen durchschnittlichen Menschen.

These 6: Die den Menschen oder den übrigen Lebewesen zugeführte Energie in Form von Nahrung enthält stehts Kohlenstoffatome. Durch die verbrennungsähnlichen chemischen Reaktionen in den Zellen der Lebewesen, reagiert der Kohlenstoff aus der Nahrung mit Sauerstoff aus der Luft, woraus auch Kohlendioxid resultiert.

These 7: Die von den Menschen und von den übrigen Lebewesen auf der Erde ausgeatmete Luft hat im Vergleich zu der eingeatmeten Luft, infolge der Reaktionen der Nährstoffe mit dem Luftsauerstoff in den Körperzellen, eine hundertfache Erhöhung der volumenmäßigen Kohlendioxidkonzentration zur Folge. Der absolute Wert (in Kilogramm) des ausgeatmeten Kohlendioxids hängt von der Lungenkapazität und von der Pulsfrequenz des jeweiligen Wesens ab.

These 8: Wesen der Fauna brauchen Energie aus Nahrung für das eigene Wachstum, für den Wärmeaustausch mit Umgebung zwecks Erhalt der eigenen Temperatur, für die Funktion der inneren Organe und für Krafteinsätze nach außen, während vielfältiger Bewegungen. Wesen der Flora brauchen Energie aus Nahrung hauptsächlich für das eigene Wachstum.

These 9: Die Anfangs- und Endprodukte der Reaktionen in Flora und Fauna erscheinen als direkt untereinander ausgetauscht. Die gegensätzlichen Kreisläufe in der Flora und in der Fauna halten das Gleichgewicht des Erdklimas auf einem natürlichen Treibhauseffekt. Flora und Fauna ernähren sich gegenseitig: Kohlendioxid von der Fauna für die Flora, Kohlenwasserstoffe von der Flora für die Fauna.

These 10: Um den durch Verbrennungsprozesse wachsenden Kohlendioxidanteil in der Erdatmosphäre zu senken, braucht die Erde sowohl viele neue, langsam wachsende Bäume, als auch viele neue, schnell wachsende Pflanzen!

These 11: Die Energieerzeugung mittels Feuer durch Menschen, die als Licht und als Wärme für Körper und Nahrungszubereitung genutzt wurde, beziehungsweise als Arbeit zunächst nur festgestellt, hat zu keiner Zeit eine Beeinflussung der Erdatmosphäre verursacht.

These 12: Nach Auftreffen eines von Sonnenstrahlen verursachten Wärmestromes auf Körper, Böden, Pflanzen und Gewässer auf der Erde ändert sich die Wellenlänge der durch die Atmosphäre durchdrungenen Sonnenstrahlung vom sichtbaren Bereich zum Infrarotbereich hin.

These 13: Die drastische Senkung der anthropogenen Kohlendioxidemission in der Erdatmosphäre zu erzwingen ist von lebenswichtiger Bedeutung.

These 14: Rolls-Royce, Jaguar, Land Rover McLaren, die verbrennungs-motorisierten Juwelen des britischen Imperiums, werden verbannt. Die Chinesen werden sich sehr freuen, ihre Replikas bauen und in der ganzen Welt verkaufen zu dürfen!

These 15: Die radikale Verbannung der Fahrzeuge mit Verbrennungsmotoren aus Europa und insbesondere aus seinen großen Metropolen nutzt niemandem, wenn größere Emissionen von Kohlendioxid und von Schadstoffen wie Stickoxide oder unverbrannte Kohlenwasserstoffe direkt über die Köpfe erzeugt werden.

These 16: Alle nicht-elektrischen Automobile aus großen europäischen Metropolen wie London, Paris, Amsterdam und Frankfurt sollen aufs Land verbannt werden, wo die Luft insgesamt weniger lokale Kohlendioxidkonzentration hat und wo sie mit Biogas aus den Landwirtschaften oder mit Alkohol aus den Maischeresten, die nach der Herstellung von Whisky, Gin und Bier verbleiben, betreibbar sind. Damit befände sich das Kohlendioxid in einem Kreislauf zwischen Natur und Maschine.

These 17: Der größte Dieselemissionenbetrug der Welt ist weder auf der Straße geschehen noch von Volkswagen getätigt worden – der geschieht ununterbrochen auf allen Meeren und Ozeanen der Welt, verursacht von der ganzen feinen Gesellschaft in den Industrieländern, die sich hinter falschen Flaggen versteckt.

These 18: Der Zusammenhang zwischen der Leistung moderner photovoltaischen Paneele und ihrer Fläche zeigt, dass die Anwendung solcher Lösungen bei den Mobilitätsmitteln auf See, auf der Erde und in der Luft praktisch nicht möglich ist. Zwischen der Kapazität einer modernen Batterie und ihrem Gewicht besteht kein vorteilhaftes Verhältnis in Bezug auf solche Anwendungen.

These 19: Die Menschen sind zu unersättlichen Energiefressern geworden! Sie tun das im Namen der als solche von ihnen betrachteten Zivilisation. Die Asketen und die Notleidenden zählen, selbstverständlich, weder zu den Energiefressern, noch zu dieser Art von Zivilisation.

These 20: Die Globalisierung und die Sub-Sub-Unternehmen Hierarchisierung haben zu einer explosionsartigen Entwicklung von Industrieparks außerhalb von Metropolen geführt, wofür nicht nur viele neue Straßen und gigantische Parkplätze, sondern auch viele neue Autos erforderlich sind – damit steigt der Energiebedarf entsprechend.

These 21: Der deutlich steigende Gesamtenergieverbrauch in der Welt verursacht zwei gegeneinander laufende Entwicklungen: Der Verbrauch fossiler Energieträger wird in den nächsten Dekaden nicht abnehmen, sondern spürbar zunehmen, andererseits wird die Verwendung erneuerbarer Energien eindeutig steigen.

These 22: Ein Liter Dieselkraftstoff enthält rund 10 Kilowatt-Stunden Energie, oder umgekehrt, eine sehr moderne Lithium-Ionen-Batterie für Automobile wie Tesla enthält so viel Energie wie acht Liter Dieselkraftstoff.

These 23: Ein Fahrzeug mit Antrieb durch Elektromotor und Energie aus einer Lithium-Ionen-Batterie, geladen mit Energie aus dem EU Strommix (2017 – 20,6% Kohle, 19,7% Erdgas, 25,6 Atomenergie, 9,1% Wasserkraft, 3,7% Photovoltaik, 6% Biomasse, 11,2% Windenergie, 4,1% andere Energieträger) emittiert nur unerheblich weniger Kohlendioxid als ein Auto mit Dieselmotor.

These 24: Der Diesel bleibt in Bezug auf den Verbrauch und dadurch auf die Kohlendioxidemission eine unverzichtbare Antriebsform für Fahrzeuge. Mittels neuer Einspritzverfahren werden Verbrauch und Emissionen noch beachtlich reduziert werden. Regenerative Kraftstoffe (und dadurch Kohlendioxidrecycling in der Natur, dank der Photosynthese) wie Bio-Methanol, Bio-Ethanol und Dimethylether aus Algen, Pflanzenresten und Hausmüll, sowie seine Zusammenarbeit mit Elektromotoren werden ihm einen weiteren Glanz verschaffen.

These 25: Aus Photovoltaik, Wind und Wasser wird nicht jede Form der Energie gewonnen die auf der Welt verbraucht wird, sondern fast ausschließlich Elektroenergie. Andererseits macht die Elektroenergie weniger als ein Fünftel des Weltenergiebedarfs aus. Der Beitrag von Photovoltaik- und Windanlagen an der Produktion dieser Elektroenergie ist bei weit unter jeweils 10% noch sehr gering.

These 26: Zehn Quadratmeter photovoltaische Paneele können an einem Sommertag mit 8 Stunden voller Sonnenstrahlung so viel Energie liefern (8 kWh) wie 1 Liter Benzin oder wie 1,7 Liter Ethanol aus faulen Äpfeln oder aus Pflanzenresten, das wären vier Liter vierzigprozentiger Schnaps.

These 27: Die über den Tag, über die Breitengrade und über die Jahreszeiten schwankende Sonnenstrahlung auf allen photovoltaischen Anlagen der Welt ergibt im Jahresdurchschnitt eine globale Strahlungseffizienz von 13,7%.

These 28: In den Wüsten der Welt, als Elektroenergie-Versorger naher Großstädte und auf Familienhäusern in der ganzen Welt, als dezentrale Stromversorgung, ist die Photovoltaik besonders effizient. Aber ganze Städte und Felder damit zu decken wäre weder effizienzsteigernd noch menschenfreundlich. Berlin braucht kein „Unter den Kästen", die Linden sind schöner!

These 29: Die momentane Leistung eines Windrades ist von der Windgeschwindigkeit hoch drei abhängig. Zwischen 5,4 km/h und 25 km/h steigt die momentane Leistung, bei gleicher Luftdichte, um das Hundertfache.

These 30: Windkraftanlagen haben gegenüber photovoltaischen Anlagen sowohl eine um 1.5 bis 2-mal höhere flächenbezogene Maximalleistung, als auch eine um 1,5 bis 2-mal höhere zeitliche Effizienz (Strahlungseffizienz/Volllaststunden).

These 31: Die Energie, die das Kernkraftwerk Isar 2 bei München pro Jahr erbringt, (welches 2022 stillgelegt werden soll), könnte mit 1667 Offshore-Windrädern kompensiert werden, das wären 16 Offshore-Windparks mit jeweils 102 Windrädern, ähnlich Walney vor der Küste Großbritanniens.

These 32: Für und Wider wird es immer und in jeder Beziehung geben, aber insbesondere im Zusammenhang mit vielversprechenden Neuerungen.

These 33: Die *Leistung* hat für Elektrik, Wind und Wasserströmung die gleichen Wurzeln: Eine *Intensität* (elektrischer Strom, Massenstrom von Luft oder Wasser) und ein *Potential* (elektrische Spannung, Höhenunterschied, Druckgefälle, Geschwindigkeitsdifferenz).

These 34: Für eine betrachtete Gesamtleistung kann eine Anzahl von Mikro-Wasserkraftwerken ökologisch verträglicher, ungefährlicher und kostengünstiger als ein einziges, großes Wasserkraftwerk mit großem Damm, mit großem Staubecken und mit großer Fallhöhe sein.

These 35: Wenn die Hightech-Nationen der Welt das Atomkraftwerk, diesen Typ von Präzisionswaffe, gar nicht mehr bauen wollen, so lassen sie diese Technik in den Händen verzweifelter Energiehungriger, die nur über rudimentäre Fertigungstechnologien verfügen.

These 36: Zwischen einem Atomkraftwerk und einem Kohlekraftwerk besteht prinzipiell, von dem Prozessverlauf und von den Maschinenmodulen her, kein Unterschied. Anders ist nur die Art das Wasser, als Arbeitsmittel, zu heizen.

These 37: Ein energetischer Wasserkreislauf über Maschinen, die Strom, Wärme und Arbeit liefern sollen, erfordert eine Wasserstoffproduktion durch Elektrolyse mittels photovoltaischer Anlagen, Windenergieanlagen und Mikro-Wasserkraftwerken, die auch dezentral und diskontinuierlich arbeiten können.

These 38: Neuste technische Konzepte haben sehr oft bereits physikalisch erprobte Vorfahren, darüber hinaus ist eine technische Entwicklung eher stetig als sprunghaft und revolutionär, auch wenn dadurch eine neue Qualität erreicht wird.

These 39: Es genügt nicht, die Wasserstoff-Infrastruktur in der Welt für Brennstoffzellen-Autos sicherzustellen, es geht hauptsächlich darum, den Wasserstoff im großen Umfang CO_2-neutral herzustellen, und nicht als Nebenprodukt der Chemieindustrie.

These 40: Vor dem Verbrennungsmotor im Automobil braucht man keine Angst zu haben, er ist nicht der Weltverschmutzer per se. Mit Wasserstoff ernährt, emittiert er auch nur Wasser, wie die Brennstoffzelle.

These 41: Die Stromerzeugung auf Wasserstoffbasis mittels einer Brennstoffzelle ist weniger effizient als mittels einer Verbrennungskraftmaschine: Zweitakt- und Wankelmotoren, aber insbesondere kompakte Gasturbinen sind für eine solche Aufgabe wirkungsvoller, einfacher und preiswerter.

These 42: Natur – Photosynthese – Maschine – Natur: Der Energieträger für die Maschine, die Pflanze, aus der Alkohol oder Öl entsteht, wird nicht durch technische Elektrolyse, sondern durch natürliche Photosynthese erzeugt.

These 43: Das Destillieren von Alkohol aus Biomasse, ob faules Obst oder Pflanzenreste, ist eine leichte, preiswerte und gut beherrschbare Technologie, die überall auf der Welt in Großanlagen, in Hausanlagen, zentral, dezentral, legal und weniger legal, von Urzeiten her angewendet wird. Das Produkt ist ein Energiespender der besonderen Art für Mensch und Maschine.

These 44: Der Übergang von fossilen zu alternativen Energieträgern in bestehenden Ausführungen von Verbrennungsmotoren wird dadurch erheblich erleichtert, dass Ethanol und Methanol problemlos, in jedem beliebigen Verhältnis mit Benzin gemischt werden können.

These 45: Die Anwendung von Alkoholen aus Pflanzen und Biomasse zur Direkteinspritzung in Otto- und Dieselmotoren bietet ein beachtliches Potential zur drastischen Senkung der Kohlendioxidemission mit relativ geringem Aufwand: Jährlich erneuerbare Energieträger, Rezirkulation des Kohlendioxids im Pflanzenzyklus, Nutzung bestehender Infrastruktur durch variable Kraftstoffanteile, je nach Verfügbarkeit.

These 46: Wenn Verbrennungsmotoren mit dem klassischen Energieträger der Brennstoffzelle – Wasserstoff – effizient funktionieren, so können auch pflanzliche Kraftstoffe für Otto- und Dieselmotoren, Alkohole und Öle in Brennstoffzellen eingesetzt werden.

These 47: Die Brennstoffzelle, die mit einem Alkohol oder Öl betrieben wird, hat keine prinzipiellen, prozessbedingten Vorteile gegenüber der Verbrennung solcher Kraftstoffe in einem Motor. Die technische Komplexität der jeweiligen Maschine, die erzielbare Leistungsdichte und nicht zuletzt der Preis entscheiden über die effektivere Alternative.

These 48: Verbrennungskraftmaschinen in der Rolle einer Brennstoffzelle sind nichts anderes als stinknormale Stromgeneratoren, ob für die Dorfbeleuchtung, fürs Schiff oder für die Lokomotive. Ein solcher Vergleich ist aber sehr gesund:

man legt häufig große, aber nicht selten unbegründete Hoffnungen in einem Schauspieler, nur weil er in einer anderen Rolle so gut war.

These 49: In eine Gasturbine die als Stromgenerator arbeitet kann man Kokosnussöl oder Kartoffelschalen-Schaps einspritzen und verbrennen. Wenn man stattdessen durch die gleichen Düsen Wasser einspritzt und den Generator als Motor drehen lässt entsteht daraus eine kräftige Klimaanlage.

These 50: Auf dem Weg zur Klimaneutralität reicht es nicht aus, Prozesse in einzelnen Systemen neu zu gestalten, darüber hinaus ist es notwendig, Energien von mehreren Anlagen, Maschinen, Motoren zu kombinieren, umzuverteilen und zu rezirkulieren, um letzten Endes ein weitreichendes Recycling des Kohlendioxidausstoßes zu erreichen.

These 51: Die Verbrennungskraftmaschinen der Fahrzeuge im Straßenverkehr haben die gleichhohe Kohlendioxidemission aus der Industrie aufzunehmen und in mechanische Arbeit umzuwandeln.

These 52: Grundsätzlich erscheint als praktikabel, neben jedem Heiz- und Kraftwerk welches noch mit Kohle, Erdgas oder Erdölderivaten betrieben wird, eine Anlage zur Speicherung des abgestoßenen Kohlendioxids und eine Photovoltaik- oder Windkraftanlage zur elektrolytischen Herstellung von Wasserstoff zu versehen.

These 53: Die Müllverbrennung hat das Potential, sowohl Wärme und Elektroenergie, als auch Treibstoff für die Mobilität mit Verbrennungsmotoren zu generieren.

These 54: Die regionale Verwertung vom Müll löst nicht nur das Problem überfüllter Mülldeponien, sondern trägt auch zur Versorgung mit Wärme, Elektroenergie und Treibstoff, mit einem beachtlichen Anteil, neben den zentralen Versorgungsnetzen, bei. Sie ist aber in erster Linie ein wesentlicher Beitrag zur Senkung der Kohlendioxidbelastung der Umwelt.

These 55: Elektroautos sind auf dem Dorf möglicherweise vorteilhafter als in der City: Aus hundert Tonnen Kuhmist pro Tag kann man, ebenfalls für die Fahrten an einem Tag, zwanzig Elektroautos oder den Schulbus fahren lassen.

These 56: Der Verbrennungsmotor ist ein Klimaretter: Er frisst das Kohlendioxid der Industrie, umgewandelt in Methanol, er frisst Mist aus Landwirtschaft und städtischen Kläranlagen, umgewandelt in Biogas oder weiter in Methanol, er frisst Hausmüll, umgewandelt in Kohlendioxid und weiter in Methanol.

These 57: Ein Verbrennungsmotor kann auch vier Mal mehr Energie (als Wärme) generieren, als die Energie, die ihm aus Müll, Mist und Industrieabgas zugeführt wurde.

These 58: Ein Dieselmotor der eine Wärmepumpe antreibt hat einen Wirkungsgrad – als Summe der Arbeit und der abgeleiteten Wärmeanteile zur zugeführten Wärme durch Verbrennung – von mehr als 90%! Damit kann er jedem Elektromotor Konkurrenz machen!

These 59: Die intelligente Ankopplung von Systemen zur Generierung von Elektroenergie, Wärme und Arbeit auf Basis von Energieträgern aus dem Wasserkreislauf oder aus dem Kohlendioxidkreislauf in der Natur hat die höchste Priorität in Bezug auf die Erhaltung des Weltklimas!

Printed in the United States
By Bookmasters